Acker · Die Wertpapierleihe

Georg Acker

Die Wertpapierleihe

Grundlagen, Abwicklung und Risiken eines neuen Bankprodukts

GABLER

Die Deutsche Bibliothek - CIP-Einheitsaufnahme

Acker, Georg:
Die Wertpapierleihe: Grundlagen, Abwicklung und
Risiken eines neuen Bankprodukts / Georg Acker.
- Wiesbaden: Gabler, 1991
ISBN 978-3-663-02119-3 ISBN 978-3-663-02118-6 (eBook)
DOI 10.1007/978-3-663-02118-6

Der Gabler Verlag ist ein Unternehmen der Verlagsgruppe Bertelsmann International.

Softcover reprint of the hardcover 1st edition 1991
Lektorat: Karlheinz Müssig

INHALTSVERZEICHNIS

ABKÜRZUNGSVERZEICHNIS

a.a.O.	am angegebenen Ort
Abs.	Absatz
AG	Aktiengesellschaft
AIBD	Association of International Bond Dealers
AMR	Anweisungen über Mindestreserven der Deutschen Bundesbank
AO	Abgabenordnung
Art.	Artikel
BAKred	Bundesaufsichtsamt für das Kreditwesen
BAV	Bundesaufsichtsamt für das Versicherungswesen
BewG	Bewertungsgesetz
BGB	Bürgerliches Gesetzbuch
BiSta	Bilanzstatistik
bspw.	beispielsweise
bzw.	beziehungsweise
CD	Certificate of Deposit
CEDEL	Centrale de Livraison de Valeurs Mobilieres
d.h.	das heißt
DAX	Deutscher Aktienindex
DepotG	Depotgesetz
DKV	Deutscher Kassenverein
DM	Deutsche Mark
DTB	Deutsche Terminbörse
ECU	European Currency Unit
EG	Europäische Gemeinschaft
ERISA	Employee Retirement Income Security Act
EStG	Einkommensteuergesetz
evtl.	eventuell
FED	Federal Reserve Bank
ff.	fortfolgende
GewStG	Gewerbesteuergesetz
GoB	Grundsätze ordnungsmäßiger Buchführung
HGB	Handelsgesetzbuch
Hrsg.	Herausgeber
i.d.R.	in der Regel
i.S.	im Sinne
ISLA	International Securities Lending Association
JSFC	Japan Securities Finance Corporation
KAGG	Kapitalanlagegesellschaftsgesetz
KV	Kassenverein
KVStG	Kapitalverkehrsteuergesetz
KWG	Kreditwesengesetz
LIFFE	London International Financial Futures Exchange
Mio.	Millionen
Mrd.	Milliarden
OTC	Over the Counter
p.a.	per anno
S.	Seite
SFR	Schweizerische Franken

VAG	Versicherungsaufsichtsgesetz
WPL	Wertpapierleihe
z.B.	zum Beispiel

1. EINLEITUNG

1.1. Aufbau der Arbeit

Auf die Begriffsdefinition in Kapitel eins folgt eine Darstellung der Gründe, die die Entstehung dieses neuen Marktsegmentes erforderlich machten. Vor allem die Internationalisierung des Wertpapiergeschäftes und der stark ausgeweitete Terminhandel sind als Wegbereiter zu nennen.

Danach werden die wirtschaftlichen Anwendungsmöglichkeiten aus der Sicht des Verleihers und des Entleihers erörtert. Für den Verleiher stellt die Nutzung der Wertpapierleihe, unter Beachtung der notwendigen Sorgfalt, eine weitgehend risikolose Möglichkeit dar, die Portfoliorendite zu erhöhen. Der Entleiher wird die erhaltenen Wertpapiere in den meisten Fällen verkaufen, sei es zur Belieferung von Kontrahenten oder aus anderen Gründen.

In Kapitel vier wird die Modellstruktur der Wertpapierleihe unter rechtlichen Gesichtspunkten beleuchtet. Die Ausgestaltung der Vertragsbeziehungen kann dabei entweder eine Eigenhandel- (Principal-Modell) oder eine Kommissionsstruktur (Agent-Modell) vorsehen. Letztere ist vor allem bei der institutionalisierten Wertpapierleihe üblich.

Ähnlich wie bei anderen Finanzinnovationen ist die Frage der buchhalterischen und bilanziellen Behandlung noch nicht erschöpfend geklärt. Über die wichtigsten Richtlinien und den Stand der gegenwärtigen Betrachtungsweise gibt Kapitel fünf Auskunft.

In Kapitel sechs kommen steuerliche Aspekte zur Sprache. Da die Einkünfte aus Wertpapierdarlehen keine Einkünfte aus Kapitalvermögen sind, sind steuerliche Besonderheiten zu beachten.

Auch hinsichtlich aufsichtsrechtlicher Vorschriften existieren für Wertpapierdarlehen spezifische Regelungen der jeweils zuständigen Behörde. Wie diese Vorschriften für Kreditinstitute, Versicherungsgesellschaften und Kapitalanlagegesellschaften aussehen, ist Gegenstand von Kapitel sieben.

Die Art und Weise wie die Wertpapierleihe-Geschäfte abwicklungstechnisch vonstatten gehen, wird in Kapitel acht behandelt. Auch hier ist im wesentlichen wieder zu unterscheiden zwischen dem Principal- und dem Agent-Modell. Fragen zu den Systemanforderungen werden ebenfalls in diesem Abschnitt erörtert.

Wertpapierleihe-Geschäfte sind nicht völlig frei von Risiken. Welche Risiken auftreten können und wie sie vermieden oder weitgehend reduziert werden können, wird in Kapitel neun besprochen.

Die Darstellung der Unterschiede zwischen den Wertpapierleihe-Geschäften und den ihnen verwandten Wertpapierpensionsgeschäften ist Gegenstand von Kapitel zehn. Wegen der engen wirtschaftlichen Verwandtschaft beider Geschäftsarten kann sowohl für den Verleiher als auch den Entleiher eine alternative Verwendung der jeweils anderen Geschäftsart in Frage kommen.

Für globale Investoren und weltweit operierende Finanzintermediäre ist ein Blick über die Grenzen von besonderem Interesse. Kapitel elf vermittelt eine Übersicht über die wichtigsten ausländischen Wertpapierleihe-Märkte.

Eine Zusammenfassung und ein Ausblick auf die künftige Entwicklung der Märkte für Wertpapierleihe-Geschäfte schließen die Arbeit ab.

1.2. Begriffsdefinition Wertpapierleihe

Der Begriff der Wertpapierleihe umfaßt die kurzfristige, entgeltliche Überlassung ausgewählter Wertpapiere[1]. Die rechtliche Grundlage für diese Überlassung bildet in der Regel ein schriftlicher Wertpapierleihe-Vertrag. Wesentlich ist dabei, daß der Verleiher seinem Gegenüber, dem Entleiher, die volle wirtschaftliche Verfügung über die betreffenden Wertpapiere einräumt. Zivilrechtlich handelt es sich daher nicht um eine Leihe im Sinne des § 598 BGB, sondern um ein Sachdarlehen gemäß § 607ff BGB[2]. Der Darlehensgeber erwirbt einen Anspruch auf Rückübertragung von Wertpapieren von gleicher Art und Güte. Bei einem Leih-

1 Üblicherweise Aktien, Anleihen und Obligationen.

2 Vgl. Kümpel, Siegfried: Die Grundstruktur der Wertpapierleihe und ihre rechtlichen Aspekte, in: Wertpapier-Mitteilungen, 44.Jahrgang (1990), Nr. 23, Seite 909.

vertrag wäre der Entleiher zur Rückgabe derselben Sache verpflichtet (§ 604 BGB). Dies widerspräche aber dem wirtschaftlichen Zweck der Wertpapierleihe, da der Entleiher die Wertpapiere meist weiterveräußern möchte. Der Ausdruck "Leihe" entspricht aber dem Sprachgebrauch und wird daher auch hier weiter verwendet. Da Wertpapierpensionsgeschäfte, wirtschaftlich betrachtet, der Wertpapierleihe sehr ähneln, wird diese Geschäftsart oft auch unter dem Oberbegriff "Wertpapierleihe" geführt[3]. Dem soll jedoch hier wegen der nicht zu vernachlässigenden Unterschiede zwischen beiden Geschäftsarten (die in Kapitel zehn zur Sprache kommen) nicht gefolgt werden.

---

3 Vgl. o.V. Umsätze von DM-Papieren nicht ins Ausland verlagern, in: Handelsblatt vom 17.5.1991.

2. ENTSTEHUNGSGRÜNDE FÜR DEN DEUTSCHEN WERTPAPIERLEIHEMARKT

Die Notwendigkeit, einen funktionsfähigen Wertpapierleihe-Markt in Deutschland zu etablieren, war im wesentlichen das Ergebnis zweier wichtiger Entwicklungen.

2.1. Globalisierung des Wertpapiergeschäftes

Im Zuge der Reduzierung bzw. des Wegfalls staatlicher Beschränkungen hatte eine Liberalisierung der Finanz- und Kapitalmärkte eingesetzt, in deren Folge eine starke Zunahme grenzüberschreitender Wertpapiergeschäfte zu beobachten war. In der Bundesrepublik hat sich im Zeitraum von 1982 bis 1989 das Volumen solcher Geschäfte versechsfacht.

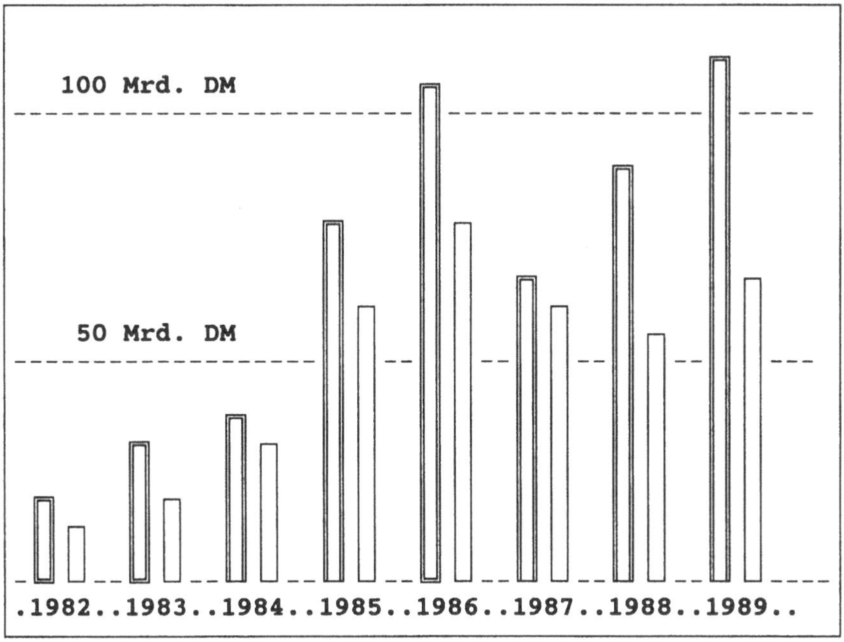

Quelle: Frankfurter Wertpapierbörse

Abbildung 1: Grenzüberschreitende Wertpapiertransaktionen im Zeitraum von 1982 bis 1989

Die doppelt umrahmte Säule repräsentiert das Volumen in Aktien, die einfach umrahmte Säule das Volumen in Rentenwerten.

Zurückführen läßt sich diese Entwicklung auf eine gesteigerte Volatilität auf den Kapitalmärkten, die beim Anleger den Wunsch nach verstärkter internationaler Diversifikation seiner Anlagemittel weckte. Neben der umfassenderen Risikoabsicherung waren jenseits der Grenzen oft auch attraktivere Renditen zu erzielen, was die Kapitaltransfers zusätzlich stimulierte.

Ein wachsendes Volumen handelbarer Wertpapiere entstand auch aufgrund des Trends zur Securitisation, der Verbriefung von Forderungs- und Beteiligungsrechten. Nicht mit der oben beschriebenen Entwicklung schrittgehalten hat jedoch die Abwicklung der Wertpapiergeschäfte. Der Grund hierfür liegt zum einen darin, daß sehr unterschiedliche Handels- und Abwicklungspraktiken international weiterhin fortbestanden und -bestehen, zum anderen darin, daß dem Clearingbereich bei vielen Banken traditionell weniger Aufmerksamkeit zuteil wird als dem Front-Office.

Die beschriebene Entwicklung hat daher zum Entstehen eines neuen Risikos, dem Erfüllungsrisiko geführt, das sinnvoll mit dem Instrument der Wertpapierleihe begrenzt werden kann. Die Nutzung der Wertpapierleihe trägt außerdem dazu bei, Abwicklungsfristen zu verkürzen.

Beispiel:
Kauf einer Anleihe im Euromarkt und Verkauf im Inlandsmarkt. Da der Erwerb der Papiere im Euromarkt gemäß den AIBD-Regeln sieben Tage nach dem Handelstag erfüllt wird, in der Bundesrepublik jedoch schon zwei Tage nach Geschäftsabschluß, ergibt sich ein "short" von fünf Tagen. Die Überbrückung kann durch die Inanspruchnahme der Wertpapierleihe bewerkstelligt werden.

Verkauf im Inland		*Kauf im Euromarkt*	
Handelstag:	*x*	*Handelstag:*	*x*
Valutatag:	*x + 2*	*Valutatag:*	*x + 7*

x-----x+2---x+7------->

Abbildung 2: Überbrückung einer Short-Position

Gegenwärtig gibt es intensive Bestrebungen, den veränderten Anforderungen im Settlement nachzukommen. Die Implementierung von Datenverarbeitungssystemen, die eine schnellere und sichere Abwicklung bei zugleich hohem Umsatzvolumen erlauben soll, ist in vollem Gang. Der Trend geht hin zu einem "same day settlement", das beispielsweise bei Euroclear schon Realität ist und in der 2. Stufe des sogenannten KV-NEU Ende 1991 eingeführt werden soll. KV-NEU ist die Kurzbezeichnung für eine Neukonzeption der technischen Abwicklung des Effektengiroverkehrs durch den Deutschen Kassenverein. Das Matching-Verfahren, das die maschinelle Übereinstimmungsprüfung von Zahlungs- und Lieferinstruktionen vorsieht, wird spätestens im November 1991 für alle KV-Teilnehmer Pflicht.

2.2. Errichtung neuer Terminbörsen

Der erhöhte Absicherungsbedarf von Wertpapierpositionen, hervorgerufen durch eine gesteigerte Volatilität der Finanz- und Kapitalmärkte, schuf ein Bedürfnis nach einem erweiterten Hedging-Instrumentarium. Dem wurde Rechnung getragen durch den Auf- und Ausbau organisierter Finanzterminmärkte. In der Bundesrepublik war der Handel in standardisierten Aktienoptionen - bei zugleich liquidem Sekundärmarkt - erstmals seit dem 26. Januar 1990 möglich. Die Deutsche Terminbörse (DTB), die als voll computerisierte Börse einen standortunabhängigen Handel möglich machte, hat im November 1990 auch den Handel in Zinstermin- (Bund-Future) und Aktienindex-Terminkontrakten (DAX-Future) aufgenommen. Im August 1991 kamen die Optionen auf den Bund Future und den DAX-Index hinzu.

Der Handel in diesen sogenannten derivativen Produkten bringt es mit sich, daß eine der Kontraktparteien "Short Positionen" eingeht, die eine mögliche Verpflichtung zur Lieferung von Wertpapieren an den Kontrahenten beinhaltet. Wenn nun der aus dem Termingeschäft Verpflichtete diese Wertpapiere nicht liefern kann, weil es sich um eine "ungedeckte Short-Position" handelt, entsteht für ihn ein Eindeckungserfordernis. Eine der Möglichkeiten, sich die Wertpapiere zu beschaffen, besteht in der Nutzung der Wertpapierleihe.

Finanzterminkontrakte geben den Handelsabteilungen in den Banken wie auch anderen Portfolio-Managern Gelegenheit zur Durchführung von Arbitragegeschäften. Die Abwicklung dieser Geschäfte in größerem Umfang setzt voraus, daß auch hier die Wertpapierleihe (im folgenden kurz: WPL) in Anspruch genommen werden kann.

3. WIRTSCHAFTLICHE ASPEKTE DER WERTPAPIERLEIHE

Die den Wertpapierleihe-Geschäften zugrundeliegenden wirtschaftlichen Motive werden nachfolgend aus der Perspektive des Verleihers, des Entleihers und der Depot- und Wertpapiersammelbanken betrachtet.

3.1. Wirtschaftliche Aspekte aus der Sicht des Verleihers

Dem Verleiher ermöglicht der Abschluß von Wertpapierleihe-Geschäften einerseits eine Steigerung seiner Erträge, andererseits eine Reduzierung seiner Kosten aus der Depotverwaltung.

3.1.1. Zur Renditesteigerung

Das zentrale Motiv für den Abschluß von WPL-Geschäften aus der Sicht des Verleihers besteht darin, die Einnahmen aus seinem Portefeuille zu erhöhen. Bemerkenswert ist in diesem Zusammenhang, daß schon eine Renditesteigerung um 75 Basispunkte p.a. eine Pensionskasse dazu in die Lage versetzt, eine 15% höhere Rente an die späteren Rentenbezieher auszuzahlen. Zu einem ähnlichen Ergebnis kommt eine Untersuchung an der Hochschule St. Gallen, in der der Nachweis erbracht wurde, daß eine Renditesteigerung um einen Prozentpunkt die Renten theoretisch um 20% erhöhen würde[4]. Erzielen lassen sich solche Zusatzrenditen aber nur dann, wenn der Verleiher einen größeren Depotanteil für die Verleihe ausgewählt hat und Bestände hieraus häufig in Anspruch genommen werden. Dies kann im Prinzip nur durch eine regelmäßige Verleihe bewerkstelligt werden, wie sie im Rahmen der sogenannten "automatischen Verleihe" möglich ist.

3.1.1.1. Automatische Verleihe

Beim Automatic Lending überläßt der Depotinhaber bestimmte Teile seines Depots dem Entleiher. Dieser kann je nach Bedarf auf diese Wertpapiere zurückgreifen, ohne daß jeweils ein einzelnes Geschäft ausgehandelt werden muß, wie dies beim Opportunity Lending (Gelegentliche Verleihe) der Fall ist. Dem Entleiher erleichtert dies seine Disposition, weswegen er im Regelfall einen automatischen Verleiher bevorzugen wird. Der Entleiher ist meist auch bereit, dem Verleiher

4 Vgl. Zimmermann, Heinz: Pensionskassen sollten mehr tun, in: Soffex Extra, (Hrsg) SOFFEX, Heft 1/1991, Seite 1.

eine Gebühr alleine für die Bereitstellung der Wertpapiere zu zahlen. Diese nutzungsunabhängige Gebühr, Base Fee (Basisgebühr) genannt, schwankt derzeit etwa um 1/8% p.a. und ist Vereinbarungssache. Die konkrete Inanspruchnahme der zur Verfügung gestellten Wertpapiere wird mit einer nutzungsabhängigen Gebühr, der sogenannten Usage-Fee, abgegolten. Diese kann bei Vertragsabschluß bezüglich ihrer Höhe nicht fest definiert werden, da sie sich an den marktgängigen Konditionen zum Zeitpunkt der Inanspruchnahme orientiert. Die nachfolgende Tabelle soll die mögliche Renditesteigerung bei Nutzung des Automatic Lending veranschaulichen.

Tabelle 1: Renditezuwachs durch Automatic Lending

Usage-Fee Base-Fee	0,600% 0,125%	0,900% 0,125%	1,200% 0,125%	**1,500%** **0,125%**	1,800% 0,125%	2,100% 0,125%
Nutzungsquote:						
25%	0,275%	0,350%	0,425%	0,500%	0,575%	0,650%
30%	0,305%	0,395%	0,485%	0,575%	0,665%	0,755%
35%	0,335%	0,440%	0,545%	0,650%	0,755%	0,860%
40%	0,365%	0,485%	0,605%	0,725%	0,845%	0,965%
45%	0,395%	0,530%	0,665%	**0,800%**	0,935%	1,070%
50%	0,425%	0,575%	0,725%	0,875%	1,025%	1,175%
55%	0,455%	0,620%	0,785%	0,950%	1,115%	1,280%
60%	0,485%	0,665%	0,845%	1,025%	1,205%	1,385%

Ein für Automatic Lending ausgewählter Depotbestand würde also - bei einer auf das Jahr bezogenen 45%-igen Nutzung durch den Entleiher einer Base Fee von 1/8% und einer durchschnittlichen Usage Fee von 1,5% - einen Renditezuwachs von 0,8% erwirtschaften. Eine Variante des Automatic Lending, bekannt als Pool Modell, sieht vor, daß die Wertpapiere mehrerer automatischer Verleiher in einem Pool zusammengefaßt werden. Gattungsbezogen findet täglich eine Gegenüberstellung der anteilig eingebrachten Wertpapiere eines jeweiligen Verleihers mit dem gesamten Poolbestand und den in Ausleihe befindlichen Wertpapieren statt. Für jeden Verleiher wird eine kalkulatorische Nutzungsquote ermittelt, die als Basis für die Berechnung der Gebühren dient.

Nachfolgend ein Beispiel für die Berechnung der Nutzungsquote.

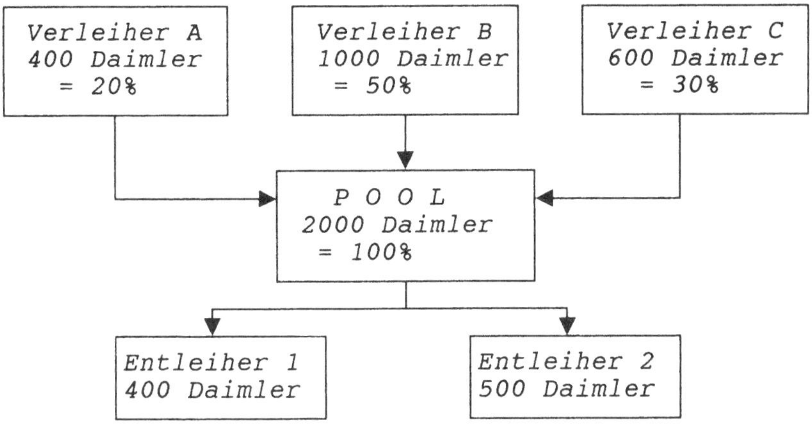

Abbildung 3: Beispiel zur Berechnung der Nutzungsquote im Poolmodell

Verleiher A stellt 20% der Daimler-Aktien im Pool. Bei einer Poolauslastung von 45% (900/2000) sind ihm also kalkulatorisch 180 Daimler-Aktien zuzurechnen (Verleiher B = 450 Stück, Verleiher C = 270 Stück).

Das Pool-Modell erlaubt, daß alle Verleiher exakt gleichgewichtet am gesamten Verleihvolumen partizipieren, weist aber andererseits den Nachteil auf, daß der einzelne Verleiher die effektive Inanspruchnahme seiner Wertpapiere nicht kontrollieren kann, sobald diese ins Pooldepot eingebucht worden sind.

3.1.1.2. Gelegentliche Verleihe

Bei der gelegentlichen Verleihe ist - im Gegensatz zur automatischen Verleihe - keine systematische Nutzung verleihbarer Wertpapierbestände vorgesehen. Ver- und Entleiher treten miteinander in Kontakt, wenn sie den Abschluß eines einzelnen Geschäftes beabsichtigen. Zwecks Regelung der Rahmenbedingungen für das Einzelgeschäft ist jedoch zuvor der Abschluß eines allgemeinen Wertpapier-Darlehensvertrages empfehlenswert.

3.1.1.3. Eignung der Wertpapiere für Wertpapierleihe-Geschäfte

Idealerweise eignen sich für Verleihzwecke solche Wertpapiere, die als mittel- oder langfristige Anlage gedacht sind und die eine breite Marktbasis besitzen (most actively traded issues). Wertpapiere mit einer solchen breiten Marktbasis sind die Titel des Deutschen Aktienindex (DAX) bei Aktien[5] sowie variabel notierte Bundesanleihen und Bundesobligationen. Bevorzugt nachgefragt werden Rententitel mit langer Restlaufzeit. So sind Bundesanleihen mit einer Restlaufzeit von 8,5 bis 10 Jahren aufgrund der Kontraktspezifikationen der Bund-Futures (an der DTB und der LIFFE) häufiger gesucht, da diese zu den "lieferbaren Bundesanleihen" gehören. Im Falle der physischen Erfüllung eines Futuregeschäftes muß der Kontraktpartner, der "short" ist, entsprechende Bundesanleihen liefern. Auch Bundesobligationen sind spätestens seit Handelsbeginn eines Zinsfutures im 5-Jahre-Bereich von gesteigertem Interesse.

Eine Einschränkung der Eignung von Wertpapieren für Verleihzwecke könnte bei Wertpapieren mit Beteiligungscharakter gegeben sein. Ein Unternehmen muß den Finanzbehörden nachweisen können, daß die Beteiligung (gesetzliche Höchstgrenze von 10% an einem anderen Unternehmen) während des gesamten Jahres voll bestanden hat. Andernfalls kommt es zum Verlust des Schachtelprivilegs, d.h. die aus der Beteiligung erzielten Dividenden müssen höher versteuert werden.

Auch die Vergünstigung des § 6b (EStG), die den Übertrag stiller Reserven zum Inhalt hat, könnte durch die Verleihe von Wertpapieren, die dem Anlagevermögen zugerechnet werden, gefährdet sein. Dies deshalb, weil die Nutzung des § 6b - Vorteils die Zugehörigkeit solcher Wertpapiere zum Anlagevermögen für mindestens sechs Jahre ohne Unterbrechung vorschreibt. Häuselmann vertritt jedoch die Auffassung, daß es zu keiner Unterbrechung der sechsjährigen Vorbesitzzeit kommt, wenn Wertpapiere des Anlagevermögens verliehen werden.[6] Dieser Auffassung schließt sich der Verfasser an, da ein Wertpapierleihe-Geschäft, bei korrekter Einschätzung, kein Veräußerungsgeschäft sein kann, zumal die Wertpapiere nur für kurze Zeit - und keinesfalls endgültig - aus dem Betriebsvermögen des Verleihers ausscheiden.

---

5 Jedoch ohne Allianz, da Namensaktien für WPL ungeeignet sind.

6 Vgl. Häuselmann, Holger: Wertpapier-Leihgeschäfte; Fragen zur rechtlichen, bilanziellen und steuerlichen Behandlung, Frankfurt 1990, Seite 25.

3.1.1.4. Gebühreneinnahmen

Die Gebühreneinnahmen, die ein Verleiher erzielen kann, bewegen sich bei festverzinslichen Wertpapieren in etwa zwischen 0,375% bis 1,5% p.a., bei Aktien können ca. 1,5% bis 2,5% p.a., bezogen auf den Kurswert, verdient werden. Anzumerken ist, daß diese Sätze für die Verleihe über oder an Banken erreichbar sind. Im nicht institutionalisierten Wertpapierleihe-Geschäft sind starke Schwankungen, je nach Marktlage möglich. Beim institutionalisierten Wertpapierleihe-Geschäft, wie beispielsweise über den Kassenverein, erhält der Verleiher einen Fix-Satz von 2,625% p.a. Der Entleiher hat 3% p.a. zu zahlen, die Differenz kommt dem garantieleistenden Bankenkonsortium zu. Diese Fixgebührensätze haben den wesentlichen Nachteil, nicht auf aktuelle Markttendenzen eingehen zu können. Die Teilnehmer der DKV-Leihe (ausschließlich Banken) werden, wenn sie entleihen möchten, sich nur dann an den DKV wenden, wenn sie sich anderweitig die benötigten Wertpapiere (zu günstigeren Sätzen) nicht beschaffen können. Es ist daher gegenwärtig so, daß die über den DKV abgewickelten Geschäfte vom Volumen her eher unbedeutend sind. Seitens des Deutschen Kassenvereins gibt es Überlegungen, den Service stärker den Markterfordernissen anzupassen. Ein Schritt hierzu besteht in der Terminalisierung der Verleihgeschäfte. Dadurch kann mehr Transparenz für Anbieter und Nachfrager von Wertpapieren geschaffen werden. Außer einer schnelleren Abwicklung, strebt man an, die Eingabe variabler Bid/Ask-Gebühren über Terminal anzubieten. Dadurch erhielte die DKV-Leihe die notwendige Konkurrenzfähigkeit.

Die Berechnungsmethode für die Gebühren ist Bestandteil der jeweiligen vertraglichen Abmachungen der Geschäftspartner und bei der institutionalisierten Wertpapierleihe in den jeweils maßgeblichen Bedingungen geregelt. In den meisten Fällen wird vereinbart, die Gebühr auf der Basis des Kurswertes (Einheitskurs) der Wertpapiere am Handels- oder Valutatag zu berechnen. Dies bedeutet, daß ein einheitlicher Gebührensatz für die gesamte Laufzeit eines Wertpapierleihe-Geschäfts angewendet wird. Die Laufzeit wird kalendertäglich ausgezählt (Euro-Methode), wobei meist der Anfangstag des Geschäftes mitgezählt wird, der Beendigungstag jedoch nicht. Der Zinsdivisor wird in der Regel auf 360 Tage festgelegt.

Beispiel:

Verleiher A vereinbart am 22.1.1991 mit der XYZ-Bank, dieser 1000 Siemens Aktien für die Zeit vom 23.1.1991 bis zum 1.4.1991 zu überlassen. Es wird eine Gebühr von 2% p.a. (bezogen auf den Kassakurs am Handelstag) festgelegt.

$$\text{Gebühr} = \frac{1000 \times 653{,}50 \text{ DM} \times 0{,}02 \times 69}{360} = 2505{,}08 \text{ DM}$$

(9 Zinstage im Januar, 28 Zinstage im Februar, 31 Zinstage im März, 1 Zinstag im April = 69 Tage insgesamt)

Bei einem WPL-Geschäft über festverzinsliche Wertpapiere und Kurswertbasis werden üblicherweise die anteiligen Stückzinsen dem Kapitalbetrag zugeschlagen.

3.1.1.5. Volumen von Wertpapier-Leihgeschäften

Das Mindestvolumen eines einzelnen Wertpapier-Leihgeschäftes als ökonomisch sinnvolle Größe liegt im Rentenbereich bei etwa 3 Millionen DM (Nominalbetrag), im Aktienbereich bei etwa 1 Million DM (Kurswert). Grundsätzlich ist das Mindestvolumen natürlich abhängig von der Relation der erzielbaren Gebühreneinnahmen zu den anfallenden Kosten, so daß die obigen Angaben als eine ungefähre Orientierungsgröße für einen Investor verstanden werden sollten.

Die Mindestgrößen für die DKV-Leihe sind in den "Technischen Richtlinien" des Kassenvereins mit 250.000 DM (nominal) bei Renten und mit 50 Stück bei Aktien festgeschrieben.

Ein automatischer Verleiher hat beim DKV höhere Mindestgrößen einzuhalten. Bei Renten sind dies nominal 1 Mio., bei Aktien 100 Stück. Diese Angaben beziehen sich jeweils auf eine Wertpapiergattung.

3.1.2. Zur Kostensenkung

Neben dem Ziel der Renditesteigerung kann die Wertpapierleihe auch dazu dienen, die Kosten der Depotverwaltung zu senken. Hat ein Depotinhaber an einem Stichtag, der für die Kalkulation der Depotgebühr herangezogen wird, Wertpapiere verliehen, so befinden diese sich nicht im Depot und können daher auch nicht Grundlage für die Erhebung von Depotgebühren sein.

Ganze Teile eines Wertpapierdepots können einem Entleiher im Rahmen der automatischen Verleihe zur Verfügung gestellt werden. Geschieht dies in der Weise, daß diese Wertpapiere aus dem Depot ausgebucht werden, so werden in der Regel auch für die "verleihbaren Wertpapiere" keine Depotgebühren anfallen. Wie bereits erwähnt, ist es nicht unüblich, wenn für verleihbare Wertpapiere seitens des Entleihers eine Base-Fee als Grundgebühr für die Bereitstellung gezahlt wird. Diese wird nutzungsunabhängig abgegolten; eine tatsächliche Inanspruchnahme durch ein effektives Entleihgeschäft braucht nicht vorzuliegen.

Im Rahmen einer institutionalisierten Wertpapierleihe ist es jedoch meist so, daß keine Base-Fee für die automatische Verleihe gezahlt wird.

3.2. Wirtschaftlichen Aspekte aus der Sicht des Entleihers

3.2.1. Erfüllung von Wertpapier-Lieferverpflichtungen

Die traditionelle Verwendung entliehener Wertpapiere dient der Erfüllung von Lieferverpflichtungen aus Wertpapiergeschäften. Ein diesbezüglicher Anwendungsbedarf ist verständlicherweise bei jenen Institutionen am größten, die von Geschäfts wegen mit dem Handel und der Abwicklung von Wertpapiergeschäften betraut sind, in erster Linie also Banken sowie andere Finanzdienstleister.

Bedeutsam sind insbesondere jene Geschäfte, die im grenzüberschreitenden Handel zustande kommen und jene, die mit der physischen Erfüllung von Termingeschäften in Zusammenhang stehen. Im grenzüberschreitenden Effektengiroverkehr gibt es eine hohe Rate von Fehlbelieferungen oder verspäteten Lieferungen. Eine effiziente Abwicklung ist derzeit bei der Fülle der verschiedenen Erfüllungsfristen und Abwicklungsusancen nahezu unmöglich. Eine Globalisierung und

Harmonisierung der Abwicklung wäre daher vonnöten.[7] Die Bestrebungen hierzu, mitinitiiert durch die "Group of Thirty", sind im vollen Gange. Im Zwischenbericht der genannten Fachkommission, der im Mai 1991 veröffentlicht wurde, wurden jedenfalls "beeindruckende Fortschritte" in verschiedenen Ländern festgestellt.[8]

Für ein Kreditinstitut, das Bestände im grenzüberschreitenden Effektengeschäft durchhandelt, das aber möglicherweise aufgrund eines nicht fristgerecht belieferten Kaufs selbst Gefahr läuft, den Kontrahenten nicht beliefern zu können, ergeben sich finanziell große Einsparmöglichkeiten, wenn eine Beschaffung über die Wertpapierleihe zwischenzeitlich möglich ist. In der Regel entstehen bei nicht valutagerechter Belieferung der Bank, Kosten in Form von Verzugszinsen, die am Tagesgeldsatz orientiert sind. Die sonstigen Risiken, wie das Marktrisiko oder das Währungsrisiko, sind hier noch nicht einmal berücksichtigt.

Außer der Einsparmöglichkeit eventueller Verzugszinsen bzw. von Refinanzierungskosten ergibt sich bei Anleihegeschäften zusätzlich die Möglichkeit zur Maximierung von Zinsgewinnen: Der Käufer einer Anleihe, der nicht termingerecht beliefert wird, kann den für den Kauf vorgesehenen Geldbetrag solange anderweitig anlegen, bis die Lieferung der Stücke erfolgt. Erfolgt die Lieferung, so hat der Käufer lediglich den Kaufpreis einschließlich des Stückzinsbetrages zu entrichten der dem regulären Valutatag entspricht. Der Käufer erzielt dadurch jedoch Zinsgewinne in Höhe der Stückzinsbeträge, die sich im Zeitraum zwischen der ordnungsgemäßen und der tatsächlichen Erfüllung des Wertpapiergeschäfts akkumuliert haben.

Lieferverpflichtungen, die in Zusammenhang mit Termingeschäften entstanden sind, spielen keine so große Rolle, da es nur bei etwa 2 bis 5% aller an Terminbörsen gehandelten Kontrakte zur physischen Erfüllung des Geschäftes kommt. Terminkontrakte, wie etwa Aktienindex-Futures, können physisch gar nicht erfüllt werden, weil hier ohnedies ein Cash-Settlement vorgeschrieben ist.

---

7 Vgl. Thomas, Sabine: Die Abwicklung von Wertpapiergeschäften im internationalen Vergleich. Ein Beitrag zur Vereinheitlichung der Erfüllungsfristen, (Hrsg.) Wertpapier-Mitteilungen, Frankfurt, Seite 9.

8 Vgl. Eckhardt, Jens: Im vergangenen Jahr beeindruckende Fortschritte, in: Handelsblatt vom 23.5.1991, Seite 43.

3.2.2. *Arbitragegeschäfte*

Die Arbitrage beinhaltet die Erzielung von Gewinnen durch das Ausnutzen von vergleichbaren Kursunterschieden. In Verbindung mit Wertpapierleihe-Geschäften sind zwei Arbitragevarianten von Bedeutung:
a) Arbitrage zwischen dem Kassa- und Terminmarkt
b) Arbitrage zwischen dem Kassa- und Kassamarkt

3.2.2.1. Arbitrage zwischen dem Kassa- und Terminmarkt

Die Durchführung von Arbitragegeschäften mit derivativen Produkten, wie beispielsweise Optionen und Financial Futures, stellt eine in wachsendem Maße genutzte Möglichkeit dar, weitgehend risikolose Gewinne zu realisieren. Seit Beginn des Handels von Zinsterminkontrakten an der LIFFE (im September 1988) und der DTB (im November 1990) haben derartige Arbitrage-Transaktionen einen starken Aufschwung genommen. Die Arbitrageure, die neben den Hedgern und den Tradern eine wichtige Teilnehmergruppe an Futuresgeschäften repräsentieren, können verschiedene Arbitragestrategien verfolgen. Neben der Ausnutzung räumlicher und/oder zeitlicher Preisunterschiede zwischen Futures untereinander können diese auch zwischen einem Financial Future und dem entsprechenden Kassamarktinstrument gewinnbringend genutzt werden. Arbitragegeschäfte sorgen für einen Kursausgleich zwischen den Märkten und stärken auf diese Weise deren Funktionsfähigkeit und Liquidität. Die Arbitrage mittels Financial Futures ist jedoch nicht völlig risikolos, da eine gegenläufige Entwicklung der Variation Margin einen Arbitragegewinn wieder zunichte machen kann[9].

Wir beschränken uns auf die Arbitragevariante, die im Zusammenhang mit der Wertpapierleihe vorkommt. Ist der Bund-Future unterbewertet, d.h. liegt der "faire" Futurespreis über dem des am Markt tatsächlich beobachtbaren Preis, so kann eine "reverse Cash and Carry" Arbitrage profitabel sein. Diese Form der Arbitrage sieht vor, daß das Kassapapier verkauft wird und zugleich der Rückkauf von Bundesanleihen per Termin, also über die Eröffnung einer Long-Future-Position, sichergestellt wird. Die für den Verkauf notwendigen Bundesanleihen können mittels Wertpapierleihe beschafft werden.

9 Vgl. Cordero, Ricardo: Der Financial Futures Markt, Stuttgart, Bern 1987, Seite 141.

Kurs der 7,25% Bundesanleihe; fällig 20.1.2000
am 3. Mai 1991: *93,15*

Kurs des LIFFE-Bund-Futures; Juni Kontrakt 1991
am 3. Mai 1991: *85,70*

Der Arbitrageur geht von einer Unterbewertung des Bund-Future aus und stellt folgende Rechnung an:

1. *Er entleiht sich nominal 250.000 7,25% Bundesanleihe. Laufzeit 3.5. - 10.6. 1991 (38 Tage) zu 1% p.a. auf den ausmachenden Kapitalbetrag.*
   Zu zahlende Entleihgebühr: *DM* *251,29*

2. *Er verkauft die entliehenen Wertpapiere sofort im Kassamarkt:*
   Verkaufserlös: *DM* *238.060,76*

3. *Den aus dem Verkauf erlangten Geldbetrag legt er am Geldmarkt zu 8,8% für 38 Tage an.*
   Zinsertrag: *DM* *2.211,32*

4. *Den obigen Zahlungsströmen stellt er die Future-Position gegenüber:*
   *2500 * 85,70 * 1,082135* *DM* *231.847,42*
   zuzüglich Stückzinsen *DM* *7.048,61*
   Um die Vergleichbarkeit von Future und Kassainstrument zu gewährleisten, ist bei der Berechnung der Conversion-Faktor[10] *von in diesem Fall 1,082135 anzuwenden.*

   Ergebnis: Gewinn aus dem Arbitragegeschäft
   in Höhe von *DM* *1.124,76*

In der Praxis wird der Arbitrageur nicht die Belieferung aus dem Futures-Kontrakt anstreben, sondern die Position vor Fälligkeit schließen. Sei es, weil sich

10 Der Conversion-Factor ist ein Preisfaktor, der es ermöglicht, jedes Kassainstrument mit dem Future auf ein renditemäßig vergleichbares Niveau zu stellen.

In der Praxis wird der Arbitrageur nicht die Belieferung aus dem Futures-Kontrakt anstreben, sondern die Position vor Fälligkeit schließen. Sei es, weil sich seine Erwartung hinsichtlich der weiteren Entwicklung der Basis[11] geändert hat, oder weil er beabsichtigt die Position auf den folgenden Kontrakttermin zu übertragen.

3.2.2.2. Arbitrage zwischen dem Kassa- und dem Kassamarkt

Bewertungsunterschiede, die im Kurs zwischen Kassapapieren untereinander vorhanden sein können, können ebenfalls zur Realisierung von Arbitragegewinnen ausgenutzt werden. Gekauft wird das unterbewertete Wertpapier, während das zu hoch bewertete entliehen und verkauft wird.
Empirische Beobachtungen zeigen, daß die Preisunterschiede bei Bundesanleihen mit drei bis fünf Jahren Restlaufzeit 20 bis 30 Pfg., bei acht bis zehnjährigen Papieren gar 30 bis 40 Pfg. (je 100 DM Nominalwert) betragen können[12]. Ein Arbitrageur hat allerdings zu beachten, daß beobachtete Preisdifferenzen eventuell unterschiedliche Eigenschaften der Anleihen widerspiegeln. Da Bundesobligationen häufig das liquidere Anlageinstrument sind, ist ein Investor eher bereit, eine etwas geringere Rendite in Kauf zu nehmen. In solchen Fällen böte dann ein Auseinanderklaffen des Renditeabstands über das gewohnte Niveau hinaus Anlaß für Arbitragetransaktionen. Hierfür ein Beispiel aus der Praxis:

Ein Vergleich der Renditedifferenzen der 7,25% Bundesanleihe (fällig am 20.2.1995) mit der 8% Bundesobligation (ebenfall fällig am 20.2.1995) in dem vor dem 17. Mai 1990 liegenden Zeitraum, ließ einen üblichen Renditeabstand von im Durchschnitt 0,99 Basispunkten zugunsten der Anleihe erkennen. Am 17. Mai war plötzlich eine renditemäßgie Besserstellung der Obligation von etwa sechs Basispunkten zu beobachten.[13] Das daraufhin mögliche Arbitragegeschäft in Höhe von, sagen wir 10 Millionen DM nominal konnte wie folgt abgewickelt werden:[14]

---

11 Die Differenz zwischen dem Futureskurs um dem vergleichbaren Kassakurs wird als Basis bezeichnet. Entsprechend der Einflußfaktoren, die in der Basis zur Geltung kommen, unterscheidet man Carry Basis und Value Basis.

12 Vgl. Schreyer, Ralf/Thießen, Friedrich: Arbitrage am Anleihemarkt, in: Die Bank, Heft 8/91, Seite 446

13 Vgl. Schreyer, Ralf/Thießen, Friedrich: Arbitrage am Anleihemarkt, a.a.O., Seite 449

14 In Anlehnung an das Beispiel von Schreyer/Thießen, a.a.O., Seite 450

1. Der Arbitrageur leiht sich 10 Millionen 7,25% Bundesanleihen für den Zeitraum 17.5. bis 31.5.1990. Leihgebühr 1% p.a. auf Nominalwertbasis.

2. Verkauf der 7,25% Bundesanleihe zu 93,60 DM und simultaner Kauf der 8% Bundesobligation zu 96,18 DM am 17. Mai 1990.

3. Umkehrung der Transaktion am 23. Mai 1990, nachdem der Renditeabstand sich wieder angenähert hatte: Kauf der 7,25% Bundesanleihe zu 93,25 DM und Verkauf der 8% Bundesobligation zu 96,15 DM.

Es ergibt sich hieraus ein Nettogewinn von 28111,11 DM.

(32000 DM Gewinn aus den Wertpapiergeschäften abzüglich einer Leihegebühr von 3888,89 DM).

Die gesamte Arbitragetransaktion konnte im betrachteten Beispiel schon nach sechs Tagen beendet werden. Schreyer und Thießen weisen jedoch auf Marktimperfektionen hin, die dazu führen können, daß Preisdifferenzen zwischen Anleihen lange Zeit bestehen bleiben. In diesen Fällen würde der Arbitragegewinn oft nicht vor dem Fälligkeitstermin der Anleihen zu realisieren sein.[15]

3.2.2.3. Arbitrage aufgrund unterschiedlicher Abwicklungsusancen im grenzüberschreitenden Wertpapierhandel

Da an verschiedenen ausländischen Wertpapierbörsen ein Unterschied zwischen Handels- und Erfüllungstag von mehreren Tagen oder gar Wochen nicht ungewöhnlich, sondern Börsenusance ist, werden solche Wertpapiergeschäfte de facto schon wieder zu "Termingeschäften". Dieser Umstand bietet einen weiteren Ansatz, Arbitragegeschäfte zwischen Märkten mit abweichenden Settlementfristen durchzuführen.

3.2.3. Liquiditätssteuerung

Der Entleiher von Wertpapieren erwirbt das volle wirtschaftliche und rechtliche Eigentum und kann die Stücke daher verkaufen, verpfänden oder selbst weiter-

15 Vgl. Schreyer, Ralf/Thießen, Friedrich: Arbitrage am Anleihemarkt, a.a.O., Seite 450

verleihen. Der Entleiher erlangt dadurch Möglichkeiten zur Liquiditätsbeschaffung und -steuerung.

3.2.3.1. Repogeschäfte

Bei Repogeschäften (Repurchase Agreements) handelt es sich um den sprachlich anglisierten Ausdruck für Wertpapierpensionsgeschäfte. Die bisherige Klassifikation dieser Geschäftsart kennt ein echtes, ein unechtes und ein unecht-echtes Pensionsgeschäft. Bei einem echten Wertpapierpensionsgeschäft besteht eine Rückkaufverpflichtung der in Pension gegebenen Sache, wobei der Rückkaufszeitpunkt und der Rückkaufspreis Bestandteil der Vereinbarung sind.

Ein Entleiher von Wertpapieren, der diese im Rahmen eines Repogeschäftes verkauft, ist in der Regel an einem Rückkauf interessiert, da er nach erfolgtem Rückkauf die Wertpapiere zur Erfüllung seiner Lieferverpflichtung aus dem Wertpapierleihe-Geschäft verwenden möchte.

Die Abwicklung eines Wertpapierleihe-Geschäftes in Verbindung mit einem Repogeschäft wird sich dann auszahlen, wenn der erzielbare Zins für kurzfristige Geldmarktanlagen über der Leihegebühr zuzüglich der Reporate liegt.

Ein *Kalkulationsbeispiel* soll dies veranschaulichen:

1) *Die A-Bank entleiht 10 Millionen 6,75% Bundesanleihen, fällig am 20.7.2000 für den Zeitraum von 8 Tagen zu einem Satz von 0,3125% bezogen auf den Nominalbetrag.*

2) *Die entliehenen Wertpapiere werden für ein Repogeschäft verwendet. Bei einem aktuellen Kurs von 89,56% und den anteiligen Stückzinsen von DM 9.375,- ergibt sich ein Verkaufspreis von DM 8.965.375,- (Valuta 25.7.1990).*

   Kalkulation der Verkaufssumme:
   Ausmachender Betrag: 10.000.000 x 0,8956 = DM 8.956.000,-

Stückzinsen: $\frac{10.000.000 \times 6{,}75\% \times 5}{360}$ = *DM 9.375,-*

Gesamtbetrag: *DM 8.965.375,-*

3) *Der aus dem Repogeschäft erlangte Betrag wird zu 7,875% am Geldmarkt für 8 Tage angelegt.*

Kalkulation des Endbetrages:

Anlagebetrag: *DM 8.965.375,-*

Zinsen: $\frac{8.965.375 \times 7{,}875\% \times 8}{360}$ = *DM 15.689,41*

Gesamtbetrag: *DM 8.981.064,41*

4) *Für das Pensionsgeschäft war eine Reporate von 6,75% vereinbart worden, so daß sich die Rückkaufssumme auf DM 8.978.823,06 beläuft.*

Kalkulation der Rückkaufsumme:

Basisbetrag: *DM 8.965.375,-*

Repozins $\frac{8.965.375 \times 6{,}75\% \times 8}{360}$ = *DM 13.448,06*

Gesamtbetrag: *DM 8.978.823,06*

5) *Die Gebühr, die der Entleiher dem Verleiher der Wertpapiere zu zahlen hat, beträgt DM 694,44.*
Kalkulation der Leihgebühr:

$\frac{10.000.000 \times 0{,}3125\% \times 8}{360}$ = *DM 694,44*

Nach Aufrechnung der Zahlungsströme verbleibt per Saldo ein Gewinn von DM 1546,91.

Kalkulation:

Wertpapierverkauf und Geldanlage erbringen:	*DM*	*8.981.064,41*
Für den Wertpapierrückkauf sind aufzuwenden:	*DM*	*8.978.823,06*
Die Gebühr für das Leihegeschäft beträgt:	*DM*	*694,44*
Verbleibender Gewinn:	*DM*	*1.546,91*

Graphisch dargestellt, hat der komplette Vorgang am Starttag und am Endtag folgendes Aussehen:

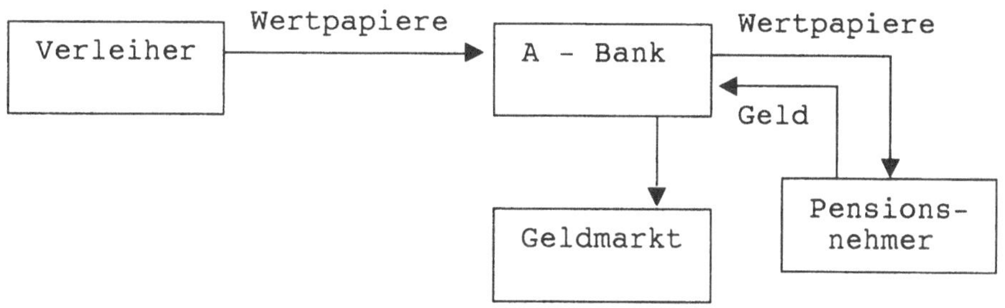

Abbildung 4: WPL-Geschäft in Verbindung mit Repogeschäft (am Starttag)

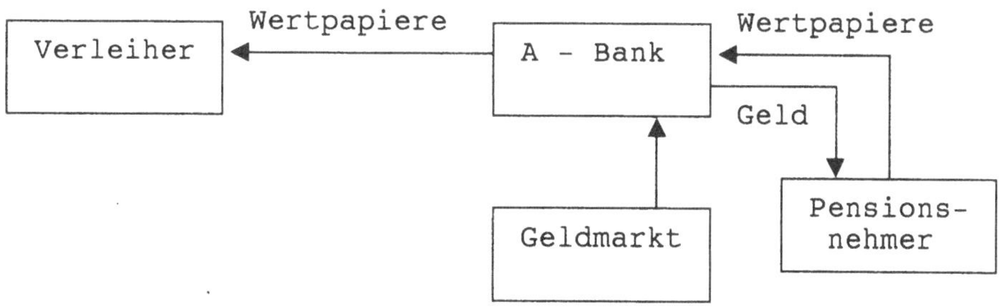

Abbildung 5: WPL-Geschäft in Verbindung mit Repogeschäft (am Endtag)

Von dem im Beispiel erwirtschafteten Gewinn in Höhe von DM 1.546,91 sind kalkulatorisch noch die Verwaltungskosten (anteilige Sach- und Personalkosten) abzuziehen.

Weiterhin ist aus Sicht eines deutschen Kreditinstitutes zu bedenken, daß, falls es sich beim Pensionsnehmer um eine Nicht-Bankenadresse oder um einen ausländischen Kontrahenten handelt, das Kreditinstitut für die erhaltenen Geldmittel eine Mindestreserve bei der Bundesbank zu unterhalten hat und diese im Durchschnitt etwa ein Fünftel des Geldbetrages ausmacht. Das zuvor angeführte Beispiel könnte danach nicht mehr mit einem Gewinn abgeschlossen werden.

Eine Studie der Landeszentralbank Hessen weist auf die mit der Mindestreservepflicht verbundene Gefahr hin, die darin besteht, daß Umsätze an den Kassamärkten in DM-Titeln zunehmend auf ausländische Börsenplätze verlagert werden.[16] Solange das Erfordernis einer Reservehaltung für hier ansässige Banken besteht, werden die Einlagen aus Repos zwangsläufig in den Euromarkt abgedrängt.[17] Ein Faktum, das für die weitere Entwicklung des deutschen Finanzplatzes wenig wünschenswert ist.

3.2.3.2. Für Besicherungszwecke

Entliehene Wertpapiere können für verschiedene Besicherungszwecke verwendet werden, sei es zur Erlangung eines Lombardkredites oder in sonstiger Weise. Wegen der vergleichsweisen kurzen Laufzeit von Wertpapierleihe-Geschäften bietet sich eine Verwendung zur kurzfristigen Besicherung an.

Kreditinstitute können zur Überbrückung von Liquiditätsengpässen einen Lombardkredit bei der Deutschen Bundesbank aufnehmen. Beim Lombardkredit handelt es sich um die Aufnahme verzinslicher Darlehen (mit maximal dreimonatiger Laufzeit) gegen Hingabe von geeigneten Pfandgegenständen. Diese geeigneten Pfandgegenstände werden als lombardfähig bezeichnet. Die Zentralbank beleiht festverzinsliche Schuldverschreibungen des Bundes mit 75% des Kurswertes.

Die Beurteilung der Frage, inwieweit sich für einen Entleiher mittels Aufnahme eines Wertpapierdarlehens und anschließender Hingabe der Stücke zur Besicherung erweiterte Dispositionsspielräume ergeben, ist abhängig davon, (a) ob er für die Aufnahme des Wertpapierdarlehens selbst Sicherheiten hinterlegen

---

16 Vgl. o.V.: Umsätze von DM-Papieren nicht ins Ausland verlagern,in: Handelsblatt vom 17.5.1991, Seite 37.

17 Vgl. o.V.: Repo Markt wäre Bereicherung, in: Börsen-Zeitung vom 30.4.1991.

mußte, (b) wenn ja, wie hoch der Beleihungswert dieser Sicherheiten war und c) welche Kosten ihm durch die Aufnahme des Wertpapierdarlehens entstehen.

3.2.4. Verkauf der Wertpapiere (Short Sale)

Über das Instrument Wertpapierleihe beschaffte Stücke können nicht nur zum Schließen, sondern auch zur Eröffnung von Short-Positionen eingesetzt werden. Der Verkauf entliehener Wertpapiere in einem ganz normalen Wertpapiergeschäft wird per Definition als Leerverkauf oder Short Sale bezeichnet. Motive für Leerverkäufe können spekulativer, steuerlicher oder hedgebedingter Natur sein.

3.2.4.1. Spekulativ motivierter Leerverkauf

Der Leerverkäufer spekuliert à la Baisse auf in kurzen Zeiträumen fallende Kurse. Wenn er sich die Wertpapiere über die Aufnahme eines Wertpapierdarlehens beschafft hat und sich seine Erwartung als zutreffend erweist, kann er die Wertpapiere zu niedrigeren Kursen am Markt zurückkaufen und an den Verleiher rückübertragen.
Trifft seine Einschätzung bezüglich der künftigen Kursentwicklung jedoch nicht ein, so muß er Wertpapiere der gleichen Gattung zu einem späteren Zeitpunkt zu erhöhten Kursen zurückkaufen, da er gegenüber dem Verleiher zur Tilgung des Sachdarlehens verpflichtet ist.

Beispiel:

Ein Entleiher erhält 1000 Stück Aktien der X-AG, deren Kurs DM 500 betragen soll. Laufzeit der WPL: 1 Monat; Gebühr: 2% p.a. (bezogen auf den Kurswert am Tage des Geschäftsabschlusses).

Am Ende des Monat ist der Entleiher zur Rückgabe der Wertpapiere und zur Zahlung einer Gebühr von DM 833,33 verpflichtet.

Trifft nun seine spekulative Erwartung von in kurzen Zeiträumen fallenden Kursen zu, so wählt der Leerverkäufer einen günstigen Rückkaufzeitpunkt, um seine Position zu schließen.

Angenommen, der Kurs der X-AG sei nach 3 Wochen auf DM 440 gefallen, dann realisiert der Leerverkäufer einen Gewinn von DM 59.166,67.

Kalkulation:

	Verkaufspreis am Monatsanfang	*500 x 1000*	=	*DM*	*500000*
./.	*Rückkaufspreis nach 3 Wochen*	*440 x 1000*	=	*DM*	*440000*
	Bruttogewinn		=	*DM*	*60000*
./.	*fällige WPL-Gebühr*			*DM*	*833,33*
	Realisierter Gewinn			*DM*	*59166,67*

Anmerkung: Die Transaktionskosten aus dem Kauf- und Rückkauf der Wertpapiere sind nicht berücksichtigt.

Die Darstellung des Beispiels im Diagramm hat folgendes Aussehen:

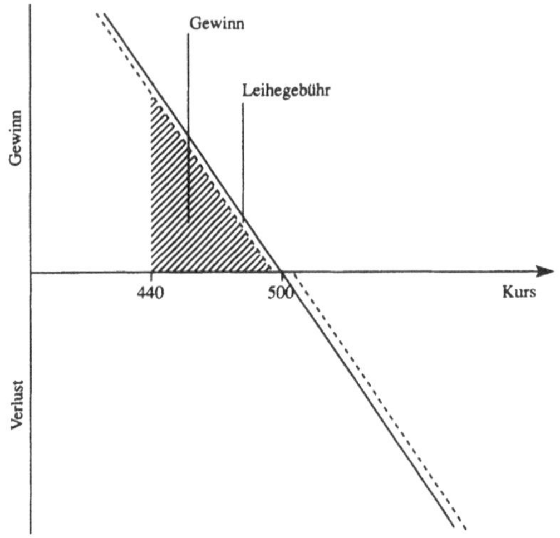

Abbildung 6: Leerverkauf in Verbindung mit einem Wertpapierleihgeschäft

3.2.4.2. Steuerlich motivierter Leerverkauf

Für einen privaten Investor gibt es eine weitere Nutzungsmöglichkeit von Leerverkäufen, die steuerlich bedingt ist. Mit einem sogenannten Trading "Short against the box" kann er kurzfristig erzielte Kursgewinne absichern, ohne daß er einen der

Spekulationsfrist unterliegenden Verkauf realisieren muß. Mit "short against the box" ist gemeint, daß der Anleger mit Aktien der Gattung, die er selbst im Depot hält, "short geht". Dies kann er tun, indem er sich Aktien der besagten Gattung leiht und anschließend verkauft. Er hat nun zwei Positionen in seinem Depot: eine Long-Position und eine neu eröffnete Short-Position. Buchgewinne können auf diese Weise geschützt, die Gewinnrealisierung auf einen späteren Zeitpunkt verschoben werden (dies kann beispielsweise sinnvoll sein, wenn der Gewinn erst nach einem bevorstehenden Steuertermin anfallen soll)[18].

Beispiel:
Ein Investor hat am 1.7.1991 1000 Stück Aktien der X-AG zu DM 400,- je Stück gekauft. Am 5.11.1991 notieren die Aktien zu DM 600,-. Der Investor rechnet - aufgrund einer neuen Marktinformation - mit stärker rückläufigen Kursen bis zum Jahresultimo. Da er den Kursgewinn schützen möchte, ohne zugleich einen Verkauf zu realisieren, der in die steuerliche Spekulationsfrist fällt, entschließt er sich zur Absicherung durch ein "Short against the box". Am 5.11. leiht der Investor sich 1000 Stück X-Aktien (Laufzeit der Leihe bis 2.1.1992) und verkauft diese sogleich an der Börse. Angenommen, der Aktienkurs fällt nun per 2.1.1991 tatsächlich, beispielsweise auf 500 DM, dann addieren sich der Gewinn aus der Long-Position und der Gewinn aus der Short-Position zu insgesamt DM 200.000,-, jenem Betrag also, der rechnerisch bei Gewinnrealisierung am 5.11.1991 hätte erzielt werden können. Der Gewinn wird lediglich um die Kosten der Absicherung (Gebühren für die Wertpapierleihe) geschmälert.

3.2.4.3. Hedge-bedingter Leerverkauf

Auch zur Risikobegrenzung (Hedging) von bestimmten Optionsgeschäften kann die Wertpapierleihe eingesetzt werden. Hat beispielsweise ein Anleger Put-Optionen auf eine an der DTB gehandelte Aktiengattung geschrieben, so trägt er ein Verlustrisiko bei fallenden Kursen. Der Anleger ist Stillhalter in Geld, d.h. er hat sich zur Abnahme der Wertpapiere zum Basispreis verpflichtet, wenn der Kontrahent die Option ausübt. Dafür hat er eine Optionsprämie vereinnahmt. Die Erwartung des Stillhalters ist tendenziell auf einen nicht oder nur geringfügig fallenden Kurs ausgerichtet.

---

18 Vgl. Schätzle, Rainer: Handbuch Börse 1989, München 1988, S. 311.

Falls er aber aufgrund einer neuen Information nun doch mit fallenden Kursen rechnen muß, so kann er sein Verlustrisiko wirksam mit einem Leerverkauf begrenzen. Er leiht sich genau die Aktien, die er im Falle einer Ausübung abnehmen muß und verkauft sie an der Börse. Kommt es nun zur Ausübung, und davon ist bei "in the money"-Optionen auszugehen, so verwendet er die auf diese Weise erhaltenen Wertpapiere zur Rückübertragung im Rahmen der Wertpapierleihe-Transaktion. Ein auf diese Weise ausgeführter Hedge ist oft kostengünstiger als die Schließung der Short-Put-Position an der Terminbörse zu einem Zeitpunkt bereits gefallener Kurse und somit gestiegener Put-Optionspreise. Außerdem würden erneut Transaktionskosten anfallen.

Beispiel:

Ein Anleger verkauft 20 Put-Kontrakte an der DTB; Basispreis DM 300,-. Er erhält eine Optionsprämie von DM 20,- je Aktie, insgesamt also DM 20.000,- (Transaktionskosten nicht mitgerechnet). Nachdem eine ungünstige Unternehmensnachricht einen Kursrückgang auf DM 280,-herbeiführt, entschließt sich der Anleger zur Absicherung des Puts mittels Leerverkauf. Die Dauer des WPL-Geschäftes hat er in Übereinstimmung mit dem Verfalltermin der Optionskontrakte gewählt.
Fällt der Kurs nochmals, sagen wir auf DM 250,-, und der Kontraktpartner möchte die Option ausüben, dann ergibt sich folgende Kalkulation:

<u>Optionsgeschäft:</u>

Kauf von 1000 Stück Aktien zu je	*DM 300*	=	*DM 300000*
Aktueller Kurswert	*DM 250*	=	*DM 250000*
Verlust in Höhe von			*DM 50000*
./. vereinnahmte Optionsprämie			*DM 20000*
Ergebnis: Verlust von			*DM 30000*

Leerverkauf:

Verkaufspreis der Aktien	*DM 280*	=	*DM 280000*
./. aktueller Kurswert	*DM 250*	=	*DM 250000*
Ergebnis: Gewinn von			*DM 30000*

Die Verlustposition aus dem Optionsgeschäft wird voll mit einem rechnerischen Gewinn aus dem Leerverkauf kompensiert. Per Saldo hat der Anleger dann nur noch die Gebühr für das WPL-Geschäft und die Transaktionskosten zu tragen.

Graphisch sieht die Absicherung dieser Short-Put Position mittels Leerverkauf folgendermaßen aus:

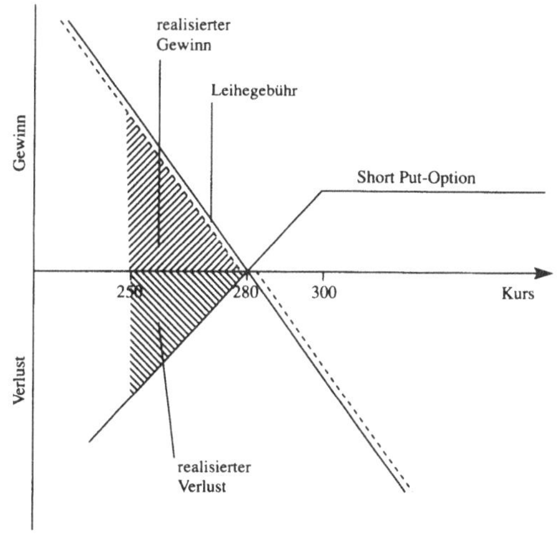

Abbildung 7: Absicherung einer Short-Put-Option

Die Möglichkeit des Hedging von Short-Put-Optionen mittels Leerverkauf ist besonders für die Market Maker der Deutschen Terminbörse von großer Wichtigkeit. Die Market Maker sind verpflichtet, jederzeit sogenannte "Quotes" zu stellen, d.h. verbindliche Bid/Ask-Kurse die einem Kontrahenten den Abschluß eines Optionsgeschäfts ermöglichen. Hieraus entstehende Risikopositionen kann der Market Maker ohne das Instrument der Wertpapierleihe nicht effektiv absichern.

3.3. Aus Sicht der Zentralverwahrer, Clearinghäuser und Depotbanken

3.3.1. Als wichtiger Bestandteil des Dienstleistungsangebots

Zentralverwahrer, Wertpapiersammelbanken und Clearinghäuser wie der Deutsche Kassenverein, Euroclear und Cedel, haben die Aufgabe, ihnen anvertraute Wertpapiere zu verwahren und zu verwalten. Außerdem sind sie mit der Abwicklung von Wertpapiergeschäften, dem Clearing und Settlement befaßt. Während der Deutsche Kassenverein ausschließlich den inländischen Effektengiroverkehr besorgt, sind Euroclear und Cedel mit dem Clearing einer Vielzahl internationaler Wertpapiere betraut.

Dienstleistungsabnehmer der vorgenannten Institutionen (vornehmlich Banken) haben ein Interesse an einer möglichst effizienten und reibungslosen Abwicklung aller durchzuführenden Wertpapiertransaktionen. Hierzu gehört, daß die Zahl eventueller "fail to deliver" oder "fail to receive" Fälle weitgehend reduziert und gering gehalten wird. Ohne ein gut funktionierendes Wertpapier-Leihesystem ist dies nicht zu bewerkstelligen. Ein Leihesystem ist daher aus heutiger Sicht ein nicht mehr wegzudenkender Bestandteil der Dienstleistungsfunktionen eines Zentralverwahrers.

3.3.2. Als wichtiger Bestandteil des Global Custody Service

Gleiches muß auch für Depotbanken gelten, die ihren Kunden einen qualifizierten und modernen Service anbieten wollen. Insbesondere die Gruppe der institutionellen Anleger interessiert sich aus Gründen der Portfolio-Optimierung heute mehr noch als in früheren Jahren für den Einsatz innovativer Finanzprodukte. Ausgelöst durch die gesteigerte Volatitität an den Wertpapiermärkten in aller Welt, streben institutionelle Investoren eine globale Diversifikation ihrer Anlagemittel an. Ein "Global Securities Lending Program", ein Wertpapier-Leiheservice mit internationaler Ausrichtung wird daher für solche Investoren zu einer interessanten zusätzlichen Dienstleistung, die einerseits zur Erhöhung der Rendite beiträgt und andererseits für den erfolgreichen Einsatz von Terminkontrakten unerläßlich ist. Global Custodians, Depotbanken mit Globalverwahrer-Funktion werden aus Gründen der Erhaltung und Steigerung der eigenen Wettbewerbsfähigkeit und um sich eine neue Einnahmequelle zu erschließen, am Auf- und Ausbau eines Global Lending Service interessiert sein.

Die Depotbanken haben zudem eine ideale Ausgangsposition, da sie umfangreiche Kundenbestände verwahren und genaue Kenntnis darüber haben, welche Wertpapiere sich in welchen Depots befinden.

Grundsätzlich sind hinsichtlich des Serviceumfangs zwei Varianten denkbar:

1. Die Depotbank vermittelt die Geschäfte und sorgt für deren vollständige Abwicklung, übernimmt jedoch nicht das Kreditrisiko (reines Agentgeschäft).

2. Die Depotbank vermittelt, wickelt ab und übernimmt zusätzlich das Kreditrisiko (Principalgeschäft).

Im ersten Fall wird der größere Teil der Gebühreneinnahmen aus der Wertpapierleihe dem Verleiher zufließen (z.B. 80/20). Im zweiten Fall wird es in etwa zu einer Halbierung der Einnahmen kommen (z.B. 50/50), da die Risikoübernahme entsprechend abgegolten wird.

Wegen der Komplexität im internationalen Wertpapiergeschäft und der für einen institutionellen Investor oft nicht überschaubaren Risiken dürfte es in der Mehrzahl der Fälle für ihn die richtige Entscheidung sein, das Kreditrisiko von der Depotbank tragen zu lassen. 82 Depotkunden des amerikanischen Global Custodian Bankers Trust wählen diesen Weg, während lediglich 2 Depotkunden sich für die Übernahme des Kreditrisikos entschieden haben.[19]

---

19 Vgl. Roman, Monica: Out of the shadows, in: Global Custodian, Sept.1989, Seite 71.

4. RECHTLICHE ASPEKTE UND VERTRAGSGESTALTUNG

Von der Modellstruktur her sind bei der Werpapierleihe grundsätzlich zwei Modelle zu unterscheiden:

1. Die Principal-Methode, bei der der Verleiher (als Darlehensgeber) direkt mit dem Entleiher (als Darlehensnehmer) in eine Vertragsbeziehung eintritt, und
2. Die Agent-Methode, die die Zwischenschaltung eines Kommissionärs beinhaltet.

4.1. Die Principal-Methode (Direktgeschäft)

Grundsätzlich sind Darlehensverträge über Wertpapiere, welche außerhalb eines organisierten Wertpapierleihe-Systems zwischen den Vertragsparteien abgeschlossen werden, frei gestaltbar. In der Praxis trifft man deshalb bei Principalgeschäften vielfältige, in ihren Modalitäten mehr oder minder stark abweichende Vertragswerke an. In den zentralen Punkten stimmen die Vertragsinhalte aber weitgehend überein, so daß von einer "Beinahe-Standardisierung" gesprochen werden kann.

Die International Securities Lending Association (ISLA) setzt sich dafür ein, daß die WPL-Rahmenverträge in Zukunft in einer vollständig standardisierten Version angewendet werden. Eine solche Vereinheitlichung wäre der Vereinfachung der Abwicklung und damit der weiteren Entwicklung der Wertpapierleihe national wie auch international dienlich.

Im folgenden werden zentrale Bestandteile eines Rahmenvertrages über ein Wertpapierdarlehen (in Form eines Sachdarlehens nach § 607 BGB) erörtert. Der Mustervertrag im Anhang (Seite 110ff) mag als Orientierung dienen.

In den zentralen Bestandteilen eines Wertpapierdarlehensvertrages ist festzulegen:

a) wer als Darlehensgeber und wer als Darlehensnehmer in Erscheinung tritt;
b) ob eine gelegentliche oder eine automatische Verleihe geplant ist;
c) welche Wertpapiere Gegenstand des Darlehens sind;

d) auf welche Weise der Abschluß eines Einzelgeschäftes zustandekommt;
e) in welcher Form Lieferung und Eigentumsübergang zu erfolgen haben;
f) ob eine Besicherung des Darlehens vorgesehen ist und wenn ja in welcher Weise;
g) wie die Berechnung und Zahlung der Gebühren vonstatten geht;
h) wie bei Zins- und Dividendenzahlungen, Bezugs- und Stimmrechten sowie Kapitalveränderungen zu verfahren ist;
i) in welcher Form Kündigung und Rückübertragung der Wertpapiere (einschließlich eines evtl. hingegebenen Collaterals) abzuwickeln sind;
j) was im Falle des Verzugs einer der beiden Vertragsparteien zu tun ist.

Anmerkungen:
Zu a) In den Fällen, in denen beide Parteien sich die Option offenhalten wollen, die Rollen zu tauschen (z.B. Verträge zwischen Kreditinstituten), empfiehlt sich der Abschluß eines zweiten Vertrages, wobei lediglich die Angaben über Darlehensgeber/Darlehensnehmer dementsprechend auszutauschen sind.

In der Praxis ist es jedoch häufig zu beobachten, daß Anbieter von Wertpapierleihe-Dienstleistungen die Verträge hinsichtlich juristischer Positionen ungleich ausgestalten, sei es, daß man sich als Verleiher weitreichende Sicherheiten einräumen läßt und in der umgekehrten Position selbst keine Besicherung vorsieht, oder in anderer Weise.

Angesichts dieser leider noch verbreiteten Praxis wäre es wünschenswert, bald auf standardisierte Verträge zurückgreifen zu können. Dadurch ließen sich längerwährende und kostenverursachende Vertragsprüfungen einschließlich eventuell mehrfach notwendiger Änderungen vermeiden.

Zu b) Der Rahmenvertrag kann lediglich auf gelegentliche Wertpapierleihe-Geschäfte ausgelegt sein oder aber zusätzlich eine automatische Verleihe vorsehen. Die automatische Verleihe wäre bei einer systematischen Nutzung eines umfangreichen Depots oder Depotanteils empfehlenswert. Für den "Einstieg" kann ein Verleiher zunächst Erfahrungen mittels der gelegentlichen Verleihe sammeln.

Zu c) Als Darlehensgegenstand werden meist auf DM lautende Anleihen und Aktien - welche im amtlichen Handel börsennotiert sind - ausgewählt. Die Girosammelverwahrfähigkeit ist eine zusätzliche Voraussetzung, da der Transfer der Wertpapiere in der Regel über den Effektengiroverkehr einer Wertpapiersammelbank erfolgt. Grundsätzlich bestimmt sich die Auswahl der Wertpapiere, die der Darlehensgeber verleihen und der Darlehensnehmer entleihen möchte, danach, auf welche Wertpapiere sich beide Seiten verständigen.

Zu d) Gebräuchlich ist es, ein Einzelgeschäft per Telefon abzuschließen und danach mittels Fax oder Telex das Geschäft dem Kontrahenten zu bestätigen. Die Bestätigung[20] enthält alle wichtigen Angaben eines Einzelgeschäfts. Beim Automatic Lending ist der Abschluß eines Einzelgeschäfts durch Absprache mit dem verleihenden Kontrahenten nicht notwendig, da dieser zuvor eine Anzahl verleihbarer Wertpapiere dem Entleiher benannt und bereitgestellt hat.

Zu e) Die Lieferung der Wertpapiere, die hierzulande - mit Ausnahme von Namensaktien - im Rahmen des "stückelosen" Effektengiroverkehrs erfolgt, beinhaltet die Übertragung des Miteigentums an einem Sammelbestand. Die Übertragung wird durch den Verleiher veranlaßt und erfolgt auf das vertragsmäßig angegebene Konto des Entleihers. Das Depotgesetz schreibt vor, daß ein entleihendes Kreditinstitut von einem Verleiher, der nicht gewerbsmäßig Bank- der Sparkassengeschäfte betreibt, eine Ermächtigung zur Verfügung über das Eigentum zu verlangen hat.

Zu f) Sind Banken Entleiher von Wertpapieren eines eigenen Depotkunden, dann wird häufig auf eine Besicherung des Darlehens verzichtet. Da in der Bundesrepublik strenge, aufsichtsrechtliche Bestimmungen für Kreditinstitute exisitieren, ist das Bonitätsrisiko des Kunden als sehr gering einzustufen. Wird eine Besicherung vereinbart - bestimmte institutionelle Verleiher können aufgrund von für sie geltenden aufsichtsrechtlichen Regelungen hierzu verpflichtet sein - so kann das Collateral aus einer Geldeinlage, aus einer Bankgarantie oder aus Wertpapieren bestehen. Bei Wertpapiersicherheiten sind zusätzliche Bestimmungen notwendig, die eine Anrechnungshöhe der Sicherheit und eine tägliche Gegenüberstellung des Kurswertes der verliehenen Wertpapiere mit dem Collateral regeln.

---

20 Vgl. Anhang 1, Seite 118f.

Zu g) Die Kalkulation der Gebühren basiert meist auf dem Kurswert der verliehenen Wertpapiere, entweder am Tage des Geschäftsabschlusses oder am Tage der Lieferung der Stücke und bleibt - nach überwiegender Geschäftspraxis - für die gesamte Laufzeit eines Geschäftes gleich. Die Zahlung der Leihegebühr wird frühestens am Beendigungstag fällig.

Zu h) Finden Zins- und/oder Dividendenzahlungen während der Laufzeit eines WPL-Geschäftes statt, so ist der Entleiher als voller wirtschaftlicher und rechtlicher Eigentümer derjenige, der diese Zahlungen erhält. Die Verträge stellen den Verleiher jedoch so, daß ihm diese Zahlungen zukommen. Aus steuerlichen und abwicklungstechnischen Gründen rücküberträgt der Entleiher die Wertpapiere im Regelfall jedoch vor den entsprechenden Stichtagen. Manche Verträge sehen vor, daß ein Leihegeschäft automatisch endet, wenn ein Zins- oder Dividendentermin, ein Bezugsrechtshandel oder Kapitalveränderungen anstehen.

Zu i) Ordentliche Kündigungsfristen sind für Wertpapier-Leihgeschäfte mit befristeter Laufzeit üblicherweise nicht vorgesehen. Bei Geschäften mit unbefristeter Laufzeit werden dem Verleiher Kündigungsfristen eingeräumt, die in etwa zwischen fünf und zehn Geschäftstagen bemessen sind. Kürzere Fristen sind wenig sinnvoll, da dem Entleiher ein angemessener Dispositionsspielraum (zur Eindekkung und Rückübertragung) belassen werden sollte. Der Entleiher kann ein unbefristetes Geschäft meist unter Einhaltung einer Kündigungsfrist von einem Geschäftstag beenden. Die Festlegung längerer Kündigungsfristen für den Entleiher wäre für diesen wirtschaftlich oft nicht sinnvoll, da er Wertpapiere häufig für nur kurze Zeiträume benötigt.

Die Rückübertragung der Wertpapiere und - falls eine Besicherung erfolgte - des Collaterals ist zu regeln. Hat eine Besicherung durch ein Wertpapiercollateral stattgefunden, dann entspricht eine "Zug um Zug" Rückübertragung der vorherrschenden Praxis.

Zu j) Kommt es zu einem Leistungsverzug (z.B. Nicht-Lieferung der Wertpapiere oder einer Sicherheit) einer Vertragspartei, dann sind auch hierfür maßgebliche Regelungen zu treffen. Versäumt beispielsweise der Entleiher die ordnungsgemäße Rückübereignung der entliehenen Wertpapiere, dann kann, nach Ablauf einer angemessenen Nachfrist, eine ersatzweise Eindeckung an der Börse zu Lasten des Entleihers erfolgen.

4.2. Agent-Methode (Kommissionsgeschäft)

Werden Wertpapierleihe-Geschäfte im Rahmen des Agent-Modells abgewickelt, so sorgt der Kommissionär[21] für die Geschäftsvermittlung, läßt sich Sicherheiten vom Entleiher stellen und führt alle notwendigen, administrativen Aufgaben aus. Ver- und Entleiher bleiben einander unbekannt, es sei denn, daß eine Partei in Verzug kommt. Der Kommissionär übernimmt häufig auch das Bonitätsrisiko ("taking principal risk"), das er für sich selbst durch wohlbemessene Sicherheitenstellung nahezu eliminiert. Die maßgebliche Rechtsgrundlage für die Tätigkeit des Kommissionärs bilden die entsprechenden Paragraphen des HBG (§§ 383ff, § 406 HGB). Der Kommissionär kann mittels Ausschluß des § 181 BGB bei Bedarf selbst in die Darlehensgeber/Darlehensnehmerposition eintreten, was er beispielsweise als Darlehensnehmer auch tun wird, wenn er einen eigenen Entleihbedarf hat.

Ansonsten führt er die Geschäfte, wie das Kommissionsverhältnis es vorsieht, im eigenen Namen und auf fremde Rechnung aus.

Die Dienstleistung des Kommissionärs wird mit einer Provision abgegolten.

4.3. Institutionalisierte Wertpapierleihe-Systeme

Institutionalisierte Wertpapier-Leihesysteme werden von Wertpapiersammelbanken und großen Clearinghäusern angeboten. Für Kreditinstitute, als Clearingteilnehmer, stellt der offerierte Wertpapier-Leiheservice eine wichtige zusätzliche Dientleistung dar. Diese kann selbstverständlich, falls das vorgesehen und gewünscht wird, auch den Kunden dieser Kreditinstitute angeboten werden. Die institutionalisierte Wertpapierleihe wird nahezu ausnahmslos in Form der Agent-Methode betrieben.

---

21 Die Kommission beim Wertpapierleihegeschäft ist nicht als eigentliche Kommission im Sinne des § 383 HBG zu qualifizieren (es liegt kein An- oder Verkauf von Wertpapieren vor), sondern als uneigentliche Kommission (Geschäftsbesorgungskommission).

In der Bundesrepublik existiert seit Juni 1990 ein von der Deutschen Kassenverein AG (nachfolgend Kassenverein) betriebenes Wertpapierleihe-System.

4.3.1. Wertpapierleihe-System der Deutschen Kassenverein AG

Die Vertragsbeziehungen zwischen dem Kassenverein und den Kreditinstituten sind in den "Bedingungen für Wertpapierleihe-Geschäfte des Deutschen Kassenvereins"[22] und den Rechtsbeziehungen zwischen den Kreditinstituten und den Kunden in den "Sonderbedingungen für Wertpapierleihe-Geschäfte"[23] geregelt. Unmittelbare, direkte Teilnehmer können jedoch nur Kreditinstitute sein, die beim Kassenverein ein Konto unterhalten.

Vier Gruppen von Rechtsbeziehungen sind - unter Miteinbezug einer eventuellen Kundenteilnahme - möglich:[24]

1. Eine dieser Vertragsbeziehungen besteht zwischen dem Kassenverein und dem jeweiligen ver- oder entleihenden Kreditinstitut. Hierbei handelt es sich um ein Geschäftsbesorgungsverhältnis gemäß § 675 BGB. Der Umfang der Dienstleistung des Kassenvereins erstreckt sich auf die Vermittlung und Abwicklung des Leihgeschäfts. Dies beinhaltet:[25]

   - die Bereitstellung der notwendigen Datenverarbeitungsprogramme,
   - die Übernahme der Treuhänderfunktion für den Verleiher bei der Bereitstellung und Verwaltung von Sicherheiten,
   - die Ausführung der notwendigen Depotbuchungen sowie der Bestandsführung an "schwebenden Wertpapierleihe-Geschäften",
   - die Zuteilung von Geschäftsabschlüssen zwischen Verleihern und Entleihern, und
   - die Überwachung von Limiten für Leih-Engagements unter Beachtung der hinterlegten Sicherheiten.

---

22 Siehe Anhang 3 Seite 118ff.

23 Siehe Anhang 4 Seite 125ff.

24 Vgl. Kümpel, Siegfried: Die Grundstruktur der Wertpapierleihe und ihre rechtlichen Aspekte,.in: WM, 24. Jahrgang, Seite 911.

25 Vgl. Blitz, Jürgen; Illhardt, Jörg: Wertpapierleihe beim Deutschen Kassenverein, in: Die Bank, Heft 3/1990, Seite 142.

2. Die Vertragsbeziehung zwischen dem verleihenden und dem entleihenden Kreditinstitut läßt sich als Darlehensvertrag gemäß § 607 BGB qualifizieren. Aufgrund dessen, daß kein Geld- sondern ein Sachdarlehen gewährt wird, werden derartige Geschäfte nicht zu den Bankgeschäften im Sinne des § 1 KWG gezählt. Ebensowenig hat eine Zuordnung unter dem Kreditbegriff des § 19 KWG zu erfolgen.

3. Die Vertragsbeziehung eines verleihenden Kunden gegenüber der Bank begründet ein Kommissionsverhältnis §§ 383, 406 HGB). Der Kommissionär (die Bank) ist als Beauftragter zu einem Ausführungsgeschäft verpflichtet. Die hieraus erlangten Rechte oder Sachen hat er auf den Kommittenten (verleihender Depotkunde) zu übertragen. Daraus ist abzuleiten, daß das Insolvenzrisiko - das wegen der sorgfältigen Besicherung aller Kassenvereins-Leihgeschäfte (Ausfallgarantie des Bankenkonsortiums in Höhe von DM 50 Millionen) gleichwohl eher theoretischen Charakter hat - vom verleihenden Depotkunden zu tragen ist.

4. Die Vertragsbeziehung eines entleihenden Kunden gegenüber der Bank ist nicht als Kommissionsverhältnis, sondern als Darlehensvertrag zu klassifizieren. Damit wird, aus der Sicht des Depotgesetzes, eine wesentliche Voraussetzung für die Weiterverpfändung der vom Depotkunden an die Bank verpfändeten Wertpapiere an den Kassenverein erfüllt[26]. Denn gemäß § 12 Abs.1 Depotgesetz darf die Depotbank Wertpapiere nur auf Grund einer Ermächtigung - und nur im Zusammenhang mit einer Krediteinräumung zu Gunsten des Kunden - an den Kassenverein weiterverpfänden.

---

26 Vgl. Kümpel, a.a.O, Seite 915.

Die folgende Graphik soll die Abwicklung eines Leihe-Geschäftes im Rahmen der Kassenvereins-Leihe veranschaulichen:

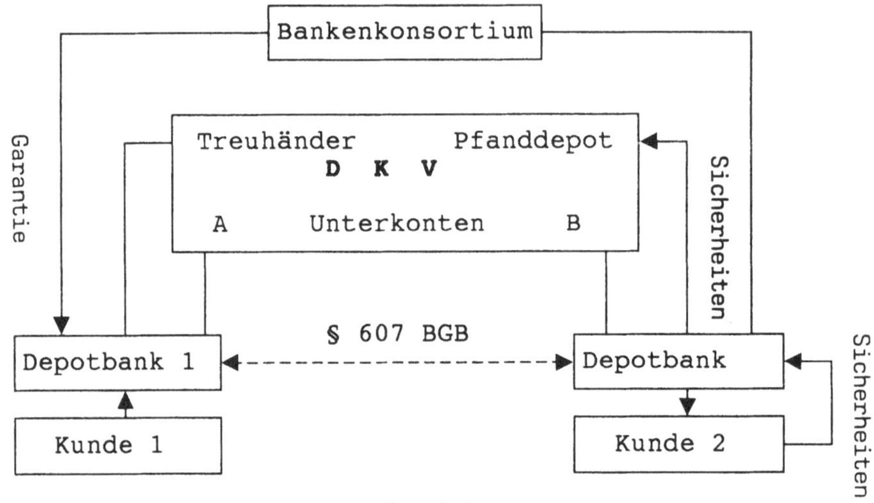

Abbildung 8: Abwicklung eines DKV-Leihgeschäfts

Das genannte Beispiel beschreibt einen Verleihvorgang, bei dem Kunde 1 seine Depotbank 1 beauftragt, Wertpapiere einer bestimmten Gattung X über den DKV zu verleihen. Die Depotbank 1 beauftragt ihrerseits den Kassenverein, von ihrem Hauptkonto eine entsprechende Stückzahl der Wertpapiere X auf ihr Unterkonto "Verleihbare Wertpapiere" zu buchen. Der Kassenverein wird diese Wertpapiere bei einem gegebenen Leihbedarf an einen Dritten übereignen.

Der Kunde 2 beauftragt seine Depotbank 2, Wertpapiere der Gattung X zu entleihen. Diese Order wird von der Depotbank an den Kassenverein weitergegeben. Zuvor hat jedoch der Kunde ausreichende Sicherheiten bei seiner Depotbank zu hinterlegen. Die Depotbank ihrerseits hinterlegt für die ordnungsgemäße Erfüllung der Rückgewährs- und Vergütungspflicht Sicherheiten, die in das Pfanddepot der Bank, welches sie beim Kassenverein unterhält, eingebucht werden. Diese Sicherheiten dienen der Sicherung aller Ansprüche, die sich im Rahmen der Leihe gegen die Bank richten. Aus Vereinfachungsgründen erwirbt der DKV die Forderung der Depotbank 1 treuhänderisch.

Das Bankenkonsortium gewährleistet dem Verleiher (Depotbank 1 bzw. Kunde 1) die Rückübertragung der ausgeliehenen Wertpapiere, mindestens aber die Zahlung des Gegenwertes am Fälligkeitstag. Die Gewährleistung gilt für den Fall, daß die Depotbank 2 nicht in der Lage ist, ihre Rückübertragungspflichten zu erfüllen und auch die verwertbaren Sicherheiten nicht ausreichen sollten.

Die Wahrscheinlichkeit einer Inanspruchnahme der Garantie ist gleichwohl sehr gering wenn man bedenkt, daß der Kassenverein entliehene Aktien mit einem Sicherheitszuschlag von 10% und entliehene Anleihen mit einem Sicherheitszuschlag von 5% kalkuliert, andererseits aber den Beleihungswert einer Wertpapiersicherheit, bestehend aus Aktien auf 50% und den von Anleihen auf 75%, festgelegt hat.

Ein Entleiher von Aktien, deren Kurswert 10.000.000 DM betrage, müßte Wertpapiersicherheiten in Anleihen mit einem Kurswert von 14.666.666,67 DM oder in Aktien mit einem Kurswert von gar 22.000.000 DM hinterlegen.

Die detaillierten Abwicklungsmodalitäten der Deutschen Kassenverein AG sind in den Technischen Richtlinien festgelegt.

4.3.2. Euroclear Brüssel

Die in Brüssel beheimatete Clearinggesellschaft Euroclear dient Banken, Brokern und anderen Finanzinstitutionen als Zentralverwahrer internationaler Wertpapierbestände. Mehr noch als beim ausschließlich nationalen Effektengiroverkehr - wie etwa dem des Deutschen Kassenvereins - entsteht im grenzüberschreitenden Wertpapiergeschäft die Notwendigkeit, einen Wertpapierleihe-Service in Anspruch nehmen zu können. Es verwundert daher nicht, daß Euroclear als erste europäische Institution schon 1975 ein Wertpapierleihe-Programm gestartet hat. Der Betreiber von Euroclear ist Morgan Guaranty Trust of New York. Morgan Guaranty tritt bei allen Wertpapier-Leihegeschäften als Kontrahent in den Darlehensvertrag ein und übernimmt jeweils das Bonitätsrisiko, garantiert also die ordnungsgemäße Rückübertragung der Wertpapiere an einen Verleiher. Ebenso wie beim Kassenverein-Modell bleiben Verleiher und Entleiher einander unbekannt.

Das Euroclear-Programm fußt auf einem Pool-Modell, innerhalb dessen alle verleihbaren Bestände täglich maschinell ermittelt werden.

Gegenwärtig können Leihgeschäfte nur auf einer unbefristeten Laufzeitenbasis abgeschlossen werden. Der Verleiher benennt die Wertpapiere, die er in den Pool einbringen möchte, und entscheidet, ob die Verleihe als gelegentliche oder automatische Verleihe durchzuführen ist.

Die Gebühren, die der Verleiher aus den Geschäften erzielen kann, schwanken zwischen 1% bis 2,875% p.a. und werden auf Basis des Kurswertes der Wertpapiere berechnet. Nachfolgend eine Übersicht:

<u>Tabelle 2:</u> Euroclear-Gebührensätze für Verleiher

Anleihen in US-Dollar;	2,500% p.a.
Anleihen in SFR;	1,625% p.a.
Anleihen in DM;	1,625% p.a.
Anleihen in Yen;	1,625% p.a.
Anleihen in holländischen Gulden;	1,625% p.a.
Andere Währungen;	2,875% p.a.
Britische Staatsanleihen;	1,000% p.a.
Anleihen in ECU;	1,000% p.a.
Treasury Bills;	1,000% p.a.
Deutsche Aktien;	2,875% p.a.
Französische Aktien;	2,875% p.a.
Holländische Aktien;	2,500% p.a.

Ein Entleiher hat zwischen 2% und 2,875% p.a., ebenfalls bezogen auf den Kurswert, zu entrichten. Die Differenz zwischen dem Kostensatz des Entleihers und dem Einnahmesatz des Verleihers vereinnahmt Euroclear als Provision.

Im Juni 1991 wurde eine abwicklungstechnische Verbesserung bezüglich des Securities Lending Processing eingeführt, so daß die bisherige Vorausschätzung des Settlementvolumens entfallen kann.

Über Euroclear wurden 1990 Wertpapiertransaktionen von über 4089 Mrd. Dollar abgewickelt, was einer Steigerung um 15% gegenüber dem Vorjahr bedeutet. Der Wert der hinterlegten Wertpapiere betrug 937 Mrd. Dollar (Zunahme um 20%). Die Zahl der Teilnehmer hat sich um 4% auf 2621 erhöht.[27]

4.3.3. Cedel Luxemburg

Cedel ist neben Euroclear der zweite, wichtige Zentralverwahrer, der im Rahmen des Effektengiroverkehrs ein Wertpapierleihe-Programm anbietet, das Wertpapiere mehrerer Währungen zu Inhalt hat (derzeit sind dies 26). Ein Bankenkonsortium garantiert dem Verleiher die Rückübertragung der Wertpapiere. Cedel fungiert als vermittelnde, abwickelnde und überwachende Instanz. Verleiher und Entleiher bleiben einander auch hier unbekannt. Wertpapierleihe-Geschäfte können sowohl mit befristeter wie auch unbefristeter Laufzeit abgeschlossen werden. Die Zuteilung von Geschäften erfolgt nach einem Zufallsauswahlverfahren.

Der Verleiher zahlt eine Gebühr, die sich zwischen 2,5% und 3,75% p.a., bezogen auf den Kurswert, bewegt. Der Verleiher erhält zwischen 1,5% und 2,75% p.a.

Das Wertpapier-Transaktionsvolumen stieg in 1990 um 40,3% auf 2430 Mrd. Dollar. Der Wert der verwahrten Wertpapiere bezifferte sich auf 454,2 Mrd. Dollar und nahm im Vergleich zum Vorjahr um 31,8% zu. Cedel hat weltweit fast 2700 Kunden.[28]

---

27 Vgl. o.V. Gegen Fusion von Cedel und Euroclear, Piet-Jochen Etzel antwortet Breuer: Den Wettbewerb erhalten, in: Börsen-Zeitung vom 10.4.1991.

28 Vgl. o.V. ebenda.

5. BILANZIERUNG, BEWERTUNG UND VERBUCHUNG

Mangels spezieller handels- und steuerrechtlicher Bilanzierungsregeln sind auf Wertpapierleihe-Geschäfte die Grundsätze ordnungsmäßiger Buchführung anzuwenden. Hierzu hat der Kaufmann seine Vermögensgegenstände und seine Schulden in der Bilanz auszuweisen. Bilanzsteuerrechtlich ergibt sich daher folgende Verfahrensweise:

Wegen der zivilrechtlichen Übertragung des Eigentums ist der Darlehensgegenstand (das Wertpapier) auch steuerlich dem Entleiher zuzurechnen, da er auch im wirtschaftlichen Sinne Eigentümer ist. Dadurch wird vermieden, daß bei einer anschließenden Übereignung der Wertpapiere durch den Entleiher an einen Dritten die Wertpapiere doppelt erfaßt werden. Beim Verleiher tritt an die Stelle der Wertpapiere eine Sachforderung, nämlich auf Rückübertragung von Wertpapieren gleicher Art, Güte und Menge. Die Sachforderung ist als Surrogat für die Wertpapiere anzusehen und mit dem Buchwert der hingegebenen Wertpapiere anzusetzen.[29]

Da Parteien, die Wertpapier-Leihgeschäfte abschließen, nicht den Zweck verfolgen, stille Reserven zu realisieren, wird der Tatbestand einer Gewinnrealisierung nicht erfüllt. Schließlich sollen die Wertpapiere nicht endgültig, sondern nur vorübergehend aus dem Betriebsvermögen des Verleihers ausscheiden.[30] Im übrigen begründen Wertpapier-Leihgeschäfte keinen Umsatzakt, so daß auch von daher die Frage einer möglichen Gewinnrealisierung verneint werden kann.

Der Entleiher hat die entliehenen Wertpapiere bei Geschäftsabschluß mit deren Kurswert zu aktivieren und die entstandene Rückgabeverpflichtung in gleicher Höhe zu passivieren.[31]

---

29 Gemäß einer schriftlichen Stellungnahme des Bundesfinanzministeriums vom 3.4.1990.

30 Vgl. Hamacher, Rolfjosef: Geschäfte an der DTB steuerlich: Die Wertpapierleihe, in: Die Bank, 1/1990, Seite 37.

31 Vgl. Häuselmann, Holger: Die Bilanzierung und Besteuerung von Wertpapier-Leihgeschäften, in: Der Betrieb, 43.Jahrgang, Okt.1990, Seite 2132.

5.1. Verbuchung bei Geschäftsabschluß

Der Verleiher bucht am Tage des Geschäftsabschlusses (auf der Basis des Buchwertes):

Forderungen gegenüber Kreditinstituten/Kunden
an
Wertpapiere

Der Verleihvorgang führt in der Bilanz des Verleihers zu einem erfolgsneutralen Aktivtausch. Bei Beendigung der Leihe wird die umgekehrte Buchung durchgeführt.

Der Entleiher bucht am Tage des Geschäftsabschlusses (auf der Basis des Kurswertes):

Wertpapiere aus Umlaufvermögen
an
Verbindlichkeiten gegenüber Kreditinstituten/Kunden

Der Verleihvorgang führt in der Bilanz des Entleihers zu einer Bilanzverlängerung. Nach Beendigung der Leihe werden die Konten in umgekehrter Adressierung angesprochen.

5.2. Erfassung am Bilanzstichtag

5.2.1. Erfassung beim Verleiher (Darlehensgeber)

In einem Schreiben der Landeszentralbank in Hessen (vom 29.9.1987) wurde bezüglich der Bilanzierung von Wertpapierleihe-Geschäften Stellung genommen. Danach ist aus der Sicht des Verleihers (Darlehensgebers) die bewertungsmäßige Erfassung der Sachwertforderung als Surrogat für die hingegebenen Wertpapiere davon abhängig, ob die Wertpapiere dem Anlage- oder dem Umlaufvermögen des Verleihers zuzurechnen waren.

Stammen die Wertpapiere aus dem Anlagevermögen und liegt der Börsenkurs am Bilanzstichtag über dem Buchwert bei Darlehenshingabe, so ist ein Ansatz höchstens zum Buchwert zulässig. Der niedrigere Wert wird - im Falle gestiegener Börsenkurse - ebenfalls beibehalten, wenn die Wertpapiere dem Umlaufvermögen zuzurechnen waren.

Stammen die Wertpapiere aus dem Anlagevermögen, und liegt der Börsenkurs am Bilanzstichtag unter dem Buchwert, dann ist eine Verlustantizipation nicht zwingend vorzunehmen.[32]

Dem Darlehensgeber steht es also frei, eine Abschreibung auf den niedrigeren Wert vorzunehmen. Wenn die Wertpapiere dem Umlaufvermögen zuzurechnen waren, dann ist die Sachwertforderung (der Wertpapierlieferanspruch) auf den niedrigeren Wert abzuschreiben.

Das Gesagte ist im folgenden Schema zusammengefaßt:

Verleihe aus:	Anlagevermögen	Umlaufvermögen
Kurs gestiegen:	keine Buchung	keine Buchung
Kurs gefallen:	Abschreibung fakultativ	Abschreibung auf Sachwertforderung

Für die Bilanzierung und Bewertung von Wertpapierleihe-Geschäften ein Beispiel (Fall: *Verleihe aus dem Umlaufvermögen*, ohne Berücksichtigung von Transaktionskosten):

1. *Ein Verleiher hat 10.000 Stück Aktien der X-AG im Bestand. Jeweils 5000 Stück sind dem Anlage- und dem Umlaufvermögen zuzurechnen. Die Wertpapiere haben einen Buchwert von DM 400,- Am 1.12. werden 1000 Stück der Aktien*

32 Vgl. Schreiben des BAKred vom 15.11.1965, in: Consbruch/Möller/Bähre/Schneider: KWG-Textsammlung, Nr. 17.02.

(des Umlaufvermögens) für 2 Monate an eine Bank verliehen. Der Kurs der Wertpapiere am 1.12. liegt bei DM 550,-

Der Verleiher bucht:
Soll:Forderungen gegenüber Kreditinstituten — *DM 400.000,-*
Haben:Wertpapiere aus Umlaufvermögen — *DM 400.000,-*

2. *Der Kurs der Wertpapiere ist am Bilanzstichtag auf DM 390,- gefallen.*
   Der Verleiher bucht:
   Soll: Abschreibungen auf Wertpapiere — *DM 10.000,-*
   Haben: Forderungen gegenüber Kreditinstituten — *DM 10.000,-*

3. *Der Kurs der Wertpapiere ist am Bilanzstichtag auf DM 450,- gefallen. Der Börsenkurs liegt über dem Buchwert, es wird jedoch keine Buchung ausgeführt.*

Ein Beispiel für die *Verleihe aus dem Anlagevermögen:*

1. *Gleiche Daten wie im vorgenannten Beispiel, die Wertpapiere stammen jedoch aus dem Anlagevermögen.*

   Der Verleiher bucht bei Geschäftsabschluß:
   Soll: Forderungen gegenüber Kreditinstituten — *DM 400.000,-*
   Haben: Wertpapiere aus Anlagevermögen — *DM 400.000,-*

2. *Der Kurs der Aktien ist zum Bilanzstichtag auf DM 390,- gefallen. Der Verleiher entscheidet, keine Abschreibungsbuchung vorzunehmen.*

3. *Der Kurs der Aktien ist auf DM 450,- gefallen, liegt somit über dem Buchwert, ein Buchung wird jedoch nicht ausgeführt (Imparitätsprinzip/Realisationsprinzip).*

Wegen des Surrogatcharakters der Sachwertforderung bleibt die Zuordnung beim Anlage- bzw. Umlaufvermögen erhalten. Die Sachwertforderung ist unter *Sonstigen Vermögensgegenständen* oder *Sonstigen Ausleihungen* in der Bilanz auszuweisen.[33] Dies gilt nicht für Kreditinstitute, da diese zu einem einen Ausweis in

33 Vgl. Häuselmann, Holger, a.a.O., Seite 26.

der Jahresbilanz unter den nicht in Wertpapieren verbrieften Forderungen bzw. Verbindlichkeiten verpflichtet sind.[34]

5.2.2. Erfassung beim Entleiher (Darlehensnehmer)

Maßgebliches Kriterium für die bilanzielle Erfassung beim Entleiher ist, ob sich die entliehenen Wertpapiere noch in seinem Vermögensbestand befinden oder nicht. Im Normalfall werden sich die Wertpapiere *nicht mehr in seinem Vermögen* befinden, da anzunehmen ist, daß der Verleiher diese bereits für andere Zwecke weiterverwendet hat. Die Verbindlichkeit (Wertpapierlieferverpflichtung) des Entleihers ist dann, im Falle eines gestiegenen Börsenkurses zum Bilanzstichtag, in Höhe der Kurssteigerung (Kurs am Bilanzstichtag minus Kurs bei Darlehensaufnahme) aufzustocken.[35]

Ist dagegen der Kurs der Wertpapiere am Bilanzstichtag gesunken, so hat der Verleiher weiterhin den höheren Wert der Verbindlichkeit anzusetzen, da sich die positive Kursdifferenz für ihn erst bei der Eindeckung mit den Wertpapieren zum günstigeren Börsenkurs bemerkbar machen würde.[36]

Hat der Entleiher die entliehenen Wertpapiere *noch in seinem Bestand*, ist eine Kursänderung für die Bewertung der Wertpapierlieferverpflichtung und der Wertpapiere ohne Bedeutung.[37]

Der von der Landeszentralbank vorgegebenen Bilanzierungsweise liegt die zutreffende Sichtweise zugrunde, daß die Rückgabeverbindlichkeit und entliehenen Wertpapiere eine Bewertungseinheit bilden.

---

34 Vgl. Schreiben der Landeszentralbank in Hessen vom 29.9.1987.
35 Vgl. Schreiben der Landeszentralbank in Hessen vom 29.9.1987.
36 Vgl. Schreiben der Landeszentralbank in Hessen vom 29.9.1987.
37 Vgl. Schreiben der Landeszentralbank in Hessen vom 29.9.1987.

Das Schema für den Entleiher hat folgendes Aussehen:

Wertpapiere:	im eigenen Bestand	nicht im Bestand
Kurs gestiegen:	keine Buchung	Erhöhung der Verbindlichkeit
Kurs gefallen:	keine Buchung	keine Buchung

Abweichend von einer Betrachtung als Bewertungseinheit hält Häuselmann eine Einzelbewertung ebenfalls für statthaft. In Anwendung des § 253 Abs. 1 HGB wäre die Rückgabeverbindlichkeit bei steigenden Kursen entsprechend aufzustocken, während bei fallenden Kursen die Wertpapiere auf den niedrigeren Wert (Börsenkurs am Bilanzstichtag) abzuschreiben sind (§ 253 Abs. 3 HGB).[38] Ein Abschreiben der Wertpapiere auf einen niedrigeren Kurswert würde aber zu einer Ergebnisverschiebung in die Folgeperiode führen, da die Verbindlichkeit buchhalterisch von einem Kursrückgang unberührt bleibt. Eine solche Verlagerung in die Folgeperiode kann jedoch kaum sachgerecht sein, denn es wird kein korrektes Bild der Ertragslage wiedergegeben.

Beispiel für die Bewertung und Bilanzierung eines Wertpapierleihe-Geschäftes (Entleiher als Kontrahent aus dem Beispiel auf Seite 47):

1. *Die entleihende Bank übernimmt die Wertpapiere, deren aktueller Kurs zum 1.12. DM 550,- beträgt, und bucht:*

   Soll: Wertpapiere aus Umlaufvermögen — *DM 550.000,-*
   Haben: Verbindlichkeiten gegenüber Kunden — *DM 550.000,-*

2. *Am Bilanzstichtag notieren die Aktien der X-AG zu DM 390,-, und die Bank hat die Wertpapiere im eigenen Bestand. Eine Buchung wird nicht ausgeführt (Kursänderungen sind nicht maßgebend).*

38 Vgl. Häuselmann, Holger: a.a.O., Seite 28

3. *Am Bilanzstichtag notieren die Aktien der X-AG zu DM 600,-, und die Bank hat die Wertpapiere im eigenen Bestand. Auch in diesem Fall ist keine Buchung vorzunehmen (Kursänderungen sind nicht maßgebend).*

4. *Für den Fall, daß die entleihende Bank die Aktien weiterveräußert hat und der Kurs am Bilanzstichtag auf DM 390 ,- gefallen ist, wird keine Buchung vorgenommen. Liegt der Kurs bei DM 600,- und damit DM 50,- über dem Kurs bei Geschäftsabschluß, so sind die Verbindlichkeiten aufzustocken.*

   Der Entleiher bucht:

Soll: Zuführung zu Rückstellungen	*DM 50.000,-*
Haben: Rückstellungen für drohende Verluste aus schwebenden Geschäften	*DM 50.000,-*

6. STEUERLICHE ASPEKTE

6.1. Steuerliche Behandlung des Gebührenentgeltes aus Wertpapierleihe-Geschäften

Bei der steuerlichen Qualifikation der Einkünfte aus der Vergabe von Wertpapier-Darlehen ist zu unterscheiden zwischen einem gewerbetreibenden und einem privaten Verleiher.

Ein Gewerbetreibender erzielt Einkünfte nach § 15 EStG, eine Privatperson hingegen Einkünfte aus sonstigen Leistungen gemäß § 22 Nr. 3 EStG.

Grundsätzlich bleibt festzuhalten, daß Einkünfte aus Wertpapier-Darlehen keine Einkünfte aus Kapitalvermögen sein können, da es sich um Sachdarlehen im Sinne von § 607ff BGB handelt.[39]

6.2. Steuerliche Behandlung der Kompensationszahlungen

Da der Entleiher wirtschaftlicher und rechtlicher Eigentümer der entliehenen Wertpapiere wird, stehen ihm Zinsen und Dividenden - sofern derartige Zahlungen während der Laufzeit eines Wertpapierleihe-Geschäftes anfallen - zu. In den Verleihbedingungen organisierter wie auch anderer Wertpapier-Leihesysteme wird der Verleiher aber immer so gestellt, daß ihm de facto die Erträge zufließen. Der Entleiher verpflichtet sich vertraglich, Zins- und Dividendeneinkünfte mit gleicher Valuta an den Verleiher weiterzuzahlen. Bei Dividendenzahlungen hat er neben der Nettodividende außerdem die hierauf entfallende Kapitalertragsteuer und den der Körperschaftsteuergutschrift entsprechenden Betrag zu zahlen.

Diese Zahlungen sind aus Sicht des Verleihers Kompensationszahlungen, da sie an die Stelle der originären Zinseinnahmen treten. Auch hier liegen daher keine Einkünfte aus Kapitalvermögen vor, sondern - im Falle eines privaten Verleihers - wieder Einkünfte aus sonstigen Leistungen (§ 22 Nr.3 EStG).

Ein privater Entleiher, der Kompensationszahlungen für die während der Darlehenslaufzeit zufließenden Einnahmen aus Kapitalvermögen leistet, kann diese

39 Vgl. Hamacher, Rolfjosef, a.a.O., Seite 35.

steuerlich als Werbungskosten geltend machen, sofern auf Dauer gesehen ein Überschuß der Einnahmen über die Ausgaben erwartet werden kann.[40]

Verleiht ein ausländischer Verleiher Aktien an einen inländischen Entleiher über den Dividendentermin hinaus und erhält Kompensationszahlungen in Höhe der Kapitalertragsteuer zuzüglich dem der Körperschaftsteuergutschrift entsprechenden Betrag, so kann er sich auf diesem Wege die vollen Dividendeneinnahmen sichern. Der inländische Entleiher kann hingegen die abgeführte Kapitalertragsteuer und die Körperschaftsteuergutschrift auf seine Steuerschuld anrechnen (sofern er anrechnungsberechtigt ist). Werden Wertpapierleihe-Geschäfte jedoch nur in der Absicht geschlossen, ein "dividend washing" zu betreiben, dann könnte ein Mißbrauch im Sinne des § 42 Abgabenordnung vorliegen. Eine klare Abgrenzung, wann ein Mißbrauch vorliegt und wann nicht, ist von Seiten der Finanzbehörden bislang nicht formuliert worden.

6.3. Vermögensteuerliche Behandlung der Wertpapierleihe-Geschäfte

Nach einer Stellungnahme des Bundesfinanzministeriums ist bezüglich der vermögensteuerlichen Beurteilung der Wertpapierleihe der neue § 340b des Europäischen Bankbilanzrichtliniengesetzes nicht anzuwenden. Gültig ist vielmehr der allgemeine Grundsatz des § 39 der Abgabenordnung, der vorschreibt, daß das Eigentum an den Wertpapieren demjenigen zuzurechnen ist, der entweder deren zivilrechtlicher oder wirtschaftlicher Eigentümer ist.[41] Der Entleiher ist sowohl zivilrechtlicher als auch wirtschaftlicher Eigentümer und hat daher die Wertpapiere zum Kurswert am Bilanzstichtag in seiner Vermögensaufstellung auszuweisen. Die Sachwertverpflichtung ist als korrespondierender Schuldposten in gleicher Höhe zu erfassen. Der Verleiher hat umgekehrt einen Sachleistungsanspruch, ebenfalls mit dem Kurswert der Wertpapiere bewertet, auszuweisen.[42]

---

40 Vgl. Schreiben des Bundesfinanzministeriums vom 26.11.1990.
41 Vgl. Schreiben des Bundesfinanzministeriums vom 10.3.1990.
42 Vgl. Schreiben des BFM v. 10.3.1990.

6.4. Übertrag stiller Reserven

Häuselmann vertritt die Auffassung, daß Wertpapiere, welche aus dem Anlagevermögen verliehen werden, nicht zu einer Unterbrechung der sechsjährigen Vorbesitzzeit im Sinne des § 6b Abs. 4 Nr.2 EStG führen. Da Ersatzwirtschaftsgüter im Sinne des Abschnitt 35 der Einkommensteuerrichtlinien und auch im Wege des Tausches hereingenommene art-, wert-, und funktionsgleiche Wirtschaftsgüter die Frist nicht unterbrechen, hat dies erst recht für das Surrogat Sachwertforderung zu gelten.[43]

6.5. Sonstige Steuern

6.5.1. Gewerbesteuer

Aus Sicht eines gewerbesteuerpflichtigen Verleihers ergeben sich hinsichtlich des zu ermittelnden Gewerbeertrages als auch des Gewerbekapitals keine Besonderheiten.

Für einen gewerbesteuerpflichtigen Entleiher stellen sich Fragen der Hinzurechnung von Dauerschulden (§ 12 Abs 1 Nr.1 GewStG) nur dann, wenn eingegangene Verbindlichkeiten in Form eines Sachdarlehens den Charakter längerfristiger Transaktionen hätten, was bei Wertpapier-Leihgeschäften typischerweise nicht der Fall ist.[44]

6.5.2. Umsatzsteuer

Auf Grund der Tatsache, daß darlehensweise hingegebene Wertpapiere nicht endgültig auf den Entleiher übertragen werden, kommt es nicht zu einer Lieferung, welche eine umsatzsteuerliche Erfassung begründen könnte. Wertpapier-Leihgeschäfte sind als sonstige Leistung des Verleihers zu qualifizieren. Eine Umsatzsteuerpflicht ist nicht gegeben.[45]

---

43 Vgl. Häuselmann, Holger: Wertpapier-Leihgeschäfte , a.a.O., Seite 25.
44 Vgl. Häuselmann, a.a.O., Seite 36.
45 Vgl.Hamacher, Rolfjosef, a.a.O., Seite 38.

6.5.3. Börsenumsatzsteuer

Bezüglich der börsenumsatzsteuerlichen Behandlung von Wertpapierdarlehen liegen Erlasse der Finanzverwaltung vor. In diesen werden Wertpapierdarlehen als Tauschgeschäft im Sinne von § 18 Abs. 3 Nr.1 KVStG angesehen.[46]

Spätestens seit Wegfall der Börsenumsatzsteuer - mit Wirkung vom 1.1.1991 - sind diesbezügliche Fragestellungen ohnedies nicht mehr von Belang.

---

46 Vgl. Hamacher, Rolfjosef, a.a.O., Seite 38.

7. AUFSICHTSRECHTLICHE ASPEKTE

7.1. Bei Banken

Bankgeschäfte. Wertpapierdarlehen sind Sachdarlehen und zählen als solche nicht zu den Bankgeschäften im Sinne von § 1 des Kreditwesengesetzes.

Anzeigepflicht. Gemäß § 24 Abs. 1 Nr. 9 KWG besteht jedoch für die Aufnahme und Einstellung von Geschäften, die keine Bankgeschäfte sind, Anzeigepflicht. Wertpapierleihe-Geschäfte sind daher gegenüber dem Bundesaufsichtsamt und der Deutschen Bundesbank anzuzeigen.

Kreditbegriff. Eine Zuordnung von Wertpapierdarlehen unter dem Kreditbegriff des § 19 KWG erfolgt nicht. Daher sind die Anzeige- und Begrenzungsvorschriften der §§ 13-18 KWG auf Wertpapierdarlehen nicht anzuwenden.[47]

Mindestreserve. Ein Kreditinstitut, das Wertpapierdarlehen aufgenommen hat, unterliegt nicht der Mindestreservepflicht, da Sachlieferverpflichtungen, wie sie bei Wertpapierleihe-Geschäften vorliegen, nicht als Einlagen oder aufgenommene Gelder gemäß § 16 des Bundesbankgesetzes zu verstehen sind.[48] Ein Cash Collateral, das von einer Non-Bank oder einem ausländischen Kontrahenten zur Besicherung eines Wertpapierdarlehens an ein deutsches Kreditinstitut gegeben wurde, unterliegt jedoch der Mindestreservepflicht.

Zuordnung der Verbindlichkeiten und Forderungen. Aus Wertpapierdarlehen entstehende schuldrechtliche Wertpapierlieferansprüche und -verbindlichkeiten (§ 607 BGB) sind grundsätzlich dem Nichtbankenbereich zuzuordnen, da sonst ein "zu guter" Bilanzausweis erfolgen würde.[49]
Diese Regelung bezieht sich jedoch ausschließlich auf Leihgeschäfte innerhalb des Agent-Modells, bei denen der Verleiher und der Entleiher anonym bleiben.

BiSta-Ausweis. Bezüglich des Ausweises in der Monatlichen Bilanzstatistik kommt die gleiche Bilanzierungsweise zur Anwendung wie sie für die Jahresbilanz maß-

---

47 Vgl. Schreiben des BAKred vom 25.8.1987.
48 Vgl. Schreiben der Landeszentralbank in Hessen vom 29.9.1987.
49 Vgl. Schreiben der Landeszentralbank vom 29.9.87.

gebend ist. Die LZB merkt in ihrem Schreiben vom 29.9.1989 grundsätzlich an, daß ein Ausweis in der Monatlichen Bilanzstatistik als Forderungen/Verbindlichkeiten an/gegenüber ausländischen Kreditinstituten nur dann in Betracht kommt, wenn die Voraussetzungen der bankstatistischen Richtlinien gemäß Abschnitt I A Ausland Nr. 1 Satz 1 gegeben sind.

Eigenkapitalgrundsätze. Ein Kreditinstitut, das Wertpapierdarlehen gewährt, hat diese, da sie zu den risikotragenden Geschäften im Sinne des Grundsatzes I und Ia zählen, entsprechend mit Eigenkapital zu unterlegen. Maßgebend sind alle Verleihgeschäfte, welche auf Nostrobestände der Bank zurückgreifen. Wertpapierlieferansprüche gegenüber inländi schen Kreditinstituten unterliegen einer Grundsatz I Anrechnung von 20%. Forderungen gegenüber Nichtbanken sind mit 100% anzurechnen.

Eine Entleiherbank, die im Auftrag eines Kunden Wertpapiere innerhalb der Kassenvereinsleihe erhalten hat, tritt gegenüber dem Kunden selbst als Darlehensgeber auf. Auch hier ist die Höhe des Anrechnungssatzes wieder davon abhängig, ob der Kunde ein Kreditinstitut ist oder nicht. Trifft ersteres zu, so ist mit 20%, andernfalls mit 100% anzurechnen.[50] Die angeführte Regelung wurde 1990 im Vorfeld des geplanten Kassenvereins-Leihesystems vom Bundesaufsichtsamt für das Kreditwesen gebilligt. Eine Regelung speziell für Wertpapierdarlehen außerhalb des Kassenvereins-Systems wurde nicht bekanntgegeben. Einer analogen Anwendung sollte aber nichts entgegenstehen, sofern es sich um Sachdarlehen nach § 607 BGB handelt.

7.2. Bei Versicherungen

Mit Wirkung vom 1.1.1991 sind erhebliche Änderungen der Kapitalanlagevorschriften des Versicherungsaufsichtsgesetzes (VAG) in Kraft getreten. Versicherungsunternehmen, welche nicht Rückversicherer sind, können im Rahmen der sogenannten Öffnungsklausel (§ 54a Abs. 2 Nr. 14 VAG) seither bis zu 5% des Deckungsstocks und des übrigen gebundenen Vermögens frei anlegen. Die neue Öffnungsklausel erlaubt den Versicherungen, Teile ihrer Wertpapierbestände im Rahmen der Wertpapierleihe zu nutzen. Da aber eine Vielzahl weitererer Anlage-

50 Vgl. Schreiben des Bundesverbandes deutscher Banken vom 5.6.1990.

formen im Rahmen der Öffnungsklausel genutzt werden dürfen und zudem aufgrund der fünf Prozent Begrenzung eine Konkurrenzsituation unter den Anlagearten entsteht, sucht man innerhalb der Versicherungswirtschaft nach Möglichkeiten, WPL-Geschäfte ohne Inanspruchnahme der Nr. 14 zu betreiben. Gegenwärtig wird daher geprüft, ob eine Kapitalanlage nach § 54a Abs.2 Nr.9 zulässig ist. Die Nr. 9 schreibt vor, daß das gebundene Vermögen unter anderem bei geeigneten inländischen Kreditinstituten angelegt werden kann. Die Frage, ob die Verleihe von Wertpapieren an eine Bank als Kapitalanlage zu qualifizieren ist, wird in einem Rundschreiben des Gesamtverbandes der Deutschen Versicherungswirtschaft (GDV) bejaht. Dies gilt auch für die Verleihe über das Leihsystem des DKV, wenngleich keine unmittelbare Vertragsbeziehung mit der Entleiherbank zustandekommt.[51] Für den Begriff "geeignetes Kreditinstitut" gibt es keine einheitliche Definition. Orientiert man sich aber an den Kriterien, die das Bundesaufsichtsamt für das Versicherungswesen im Rundschreiben R 2/75 vom 11.3.1975 aufgestellt hat, dann wird man im Regelfall ein deutsches Kreditinstitut für geeignet halten. Die Regelung, daß bestimmte Anlagehöchstgrenzen bei einem Kreditinstitut einzuhalten sind, kann entfallen, wenn dieses einer deutschen Einlagensicherung angehört. Alle deutschen Institute gehören einer solchen Einlagensicherung an, so daß sich auch hieraus keine Einschränkung ergibt.

Die aus der Wertpapierleihe erzielten Erträge haben Auswirkung auf die Durchschnittsverzinsung der Kapitalanlagen und sind im Rahmen der sogenannten Verbandsformel der Position "Zinsen und ähnliche Erträge" zuzuordnen.[52]

Für Anlagen aus dem freien Vermögen existieren keine Obergrenzen. Rückversicherer sind von der Novelle des VAG nicht betroffen, da sie nicht unter die einschränkenden Bestimmungen des § 54a Abs. 2 VAG fallen.

Da eine grundlegende Neufassung der Anlagevorschriften aufgrund der Harmonisierungsbestrebungen in der Europäischen Gemeinschaft bevorsteht, haben die derzeit gültigen Regelungen teilweise Übergangscharakter. Es ist anzunehmen, daß nach einer erfolgten Neufassung des Anlagekatalogs liberalere Bestimmungen gelten werden.

---

51 Vgl. Rundschreiben des GDV vom 5.7.1991, Seite 8.
52 Vgl. Rundschreiben des GDV vom 5.7.1991, Seite 12.

7.3. Bei Kapitalanlagegesellschaften

Kapitalanlagegesellschaften geben Investmentzertifikate heraus, die Miteigentum am Sondervermögen verkörpern. Für dieses Sondervermögen gelten die Anlagegrundsätze des § 8 KAGG. Seit der Novelle des Kapitalanlagegesellschaftsgesetzes, die am 1.3.1990 in Kraft getreten ist, sind die Anlagemöglichkeiten erweitert worden. Neben anderen Anlageformen wurde den Investmentgesellschaften der Abschluß von Options- und Financial-Futuresgeschäften unter Beachtung bestimmter Restriktionen gestattet. Wertpapierleihe-Geschäfte sind jedoch bislang noch nicht zugelassen worden.

8. ABWICKLUNG VON WERTPAPIERLEIHE-GESCHÄFTEN

Bei der Abwicklung von Wertpapierleihe-Geschäften ergeben sich unterschiedliche Erfordernisse, abhängig von a) der gewählten Methode, b) den zugrundeliegenden Wertpapieren, c) der Besicherung und d) dem geplanten Geschäftsumfang.

Methode: Naturgemäß erfordert die Abwicklung von Wertpapierleihe-Geschäften (aus Investorsicht) innerhalb des Agent-Modells einen geringeren Verwaltungs- und Überwachungsaufwand, als es bei der Abwicklung von Principalgeschäften der Fall ist (es entfällt die Verwaltung und Überwachung von Sicherheiten). Innerhalb des Agent-Modells ist nochmals zu unterscheiden, ob die Leihe im Rahmen eines institutionell organisierten Leihesystems oder eines nicht institutionellen Leihesystems durchgeführt wird. Letzteres erfordert eine intensivere Vertragsprüfung, weil eine Vielzahl von nuancierten Ausgestaltungen möglich ist und in der Praxis auch zur Anwendung kommt. Beim institutionell organisierten Leihesystem gibt es für alle Teilnehmer einheitliche Konditionen.

Wertpapiere. Sind nur inländische Wertpapiere Gegenstand von Wertpapierleihe-Geschäften, dann ist die Handhabung der Geschäfte einfacher als bei Leihegeschäften mit internationalen Wertpapieren. Dies deshalb, weil länderspezifische Abwicklungsbesonderheiten zu beachten sind.

Besicherung. Der Verzicht auf eine Besicherung vereinfacht die Abwicklung, erhöht aber andererseits das Kreditrisiko. Ist eine Besicherung vorgesehen, dann ist eine tägliche Bewertung und Gegenüberstellung von wertmäßigem Darlehensumfang und wertmäßiger Sicherheit sinnvoll, sofern es sich um Wertpapiersicherheiten handelt. Geldsicherheiten sind unkomplizierter a) weil rasch verwertbar und b) keine zweite Wertpapier-Lieferinstruktion notwendig ist.

Geschäftsumfang. Mit steigendem Geschäftsumfang wachsen auch die Anforderungen an die Abwicklung. Aus der Sicht eines Investors wird eine PC-Abwicklung in den meisten Fällen ausreichend sein.

Als Konsequenz aus dem Gesagten kann daher für den Umfang von Abwicklungsmaßnahmen das folgende Schema entwickelt werden:

1) Agent-Modell (inst. organisiert)	gering
2) Agent-Modell (deutsche Banken)	etwas höher
3) Principal-Modell (deutsche Banken)	höher
4) Principal-Modell (ausl. Adressen)	am höchsten

Ein Verleiher von Wertpapieren hat geringe Anforderungen zu beachten, wenn er ausschließlich inländische Wertpapiere innerhalb des Agent-Modells (institutionell organisiert) verleiht. Die höchsten Anforderungen stellen sich ihm, wenn er ein global diversifiziertes Portfolio als Principal in die Wertpapierleihe miteinbeziehen möchte. Die erforderlichen Verwaltungs- und Überwachungstätigkeiten setzen voraus, daß entsprechende Kapazitäten (Personal, Systemunterstützung) und das notwendige Know How vorhanden sind bzw. geschaffen werden.

8.1. Systemanforderungen

Ein institutioneller Investor, der ein größeres Portfolio kontinuierlich für Wertpapierleihe-Geschäfte nutzen möchte, sollte folgende Anforderungen an das Datenverarbeitungsprogramm stellen, welches auf einem Personal Computer installiert sein kann.

Das System muß informieren und dokumentieren,

- welche Wertpapiere für Verleihgeschäfte zur Verfügung gestellt werden können,
- welche Wertpapiere an wen und für welchen Zeitraum verliehen wurden,
- ob und wenn ja, wann während der Darlehenslaufzeit Zins-, Dividenden, -und Hauptversammlungstermine bezüglich der verliehenen Wertpapiere anstehen. Eventuelle Kapitalveränderungen und ggf. ein Bezugsrechtshandel sind ebenfalls zu erfassen.

Das System muß weiterhin in der Lage sein,

- im Falle der Besicherung durch Wertpapiere, diese Sicherheiten zu verwalten und mindestens einmal täglich unter Miteinbezug kalkulatorischer Sicherheitsmargen zu bewerten,
- die verliehenen Wertpapiere mindestens einmal täglich neu zu bewerten, damit eine Gegenüberstellung der wertmäßigen Darlehenssumme mit der jeweiligen Sicherheit vorgenommen werden kann

Diesen beschriebenen Mindestanforderungen können weitere Funktionen hinzugefügt werden:

- Mehrwährungsfähigkeit, falls internationale Wertpapierleihegeschäfte vorgesehen sind,
- Schnittstellen zu Depotlagerstellen und Clearinghäusern,
- On-line Nachrichten (u.a. Kurse, Corporate Action),
- 24-Stunden Dienste,
- elektronische Orderausführung, Kommunikation über Terminal (mit Depotbanken, Kontrahenten),
- Rentabilitätsanalysen.

Eines der bekanntesten Verwaltungssysteme ist das von der Nachrichtenagentur Reuter angebotene Servicesystem "Blend". Ein Anwender dieses Software-Service hat Zugang zu einer On-line-Datenbank, über die er weltweit Informationen im Rahmen eins 24-Stunden Dienstes erhalten kann. Begrenzt möglich ist auch eine elektronische Kommunikation mit Depotbanken und potentiellen Kontraktpartnern. Auch ein Geschäftsabschluß kann elektronisch herbeigeführt werden. Der Service informiert über "corporate action"-Termine, überwacht Kreditlinien und erstellt verschiedene Berichte und Depotauszüge.
Die Nutzung eines Software-Service-Systems kann hilfreich sein,

- um die Abwicklungstätigkeit zu reduzieren,
- um die Geschäfte effizienter zu verwalten,
- zur Pflege der Geschäftsbücher,
- um Telefon-, Telefax,- Telexkosten durch eine On-Line Kommunikation zu verringern.

8.2. Abwicklung im Zeitablauf

Die Abwicklung von Wertpapierleihe-Geschäften soll nachfolgend im Zeitablauf skizziert werden. Gewählt wird hierfür ein Beispiel, in dem ein institutioneller Investor als Verleiher Wertpapierleihe-Geschäfte mit einer inländischen Bank betreiben möchte.

8.2.1. Abschluß eines Rahmenvertrages

Beide Parteien unterzeichnen einen Rahmenvertrag, der die Bedingungen für einzelne Geschäfte regelt. Der Investor wird als Darlehensgeber, die Bank als Darlehensnehmer im Vertrag benannt. Der Vertrag sieht vor, daß gelegentliche Leihgeschäfte geplant sind. Der Investor ist bereits Depotkunde der Bank.

8.2.2. Abwicklung eines Einzelgeschäftes

1) Die Vertragsparteien haben telefonisch den Abschluß eines Einzelgeschäftes vereinbart.

2) Der Investor übersendet der Bank sofort nach Abschluß des Geschäftes eine Ermächtigung zur Verfügung über das Eigentum nach § 13 Depotgesetz.

3) Die Bank übermittelt dem Investor (per Fax, Telex und/oder Postweg) noch am Tage des Geschäftsabschlusses eine Handelsbestätigung, die alle Angaben des Einzelgeschäftes schriftlich festhält.

4) Am Anfangstag der Entleihe und nach Zugang der Ermächtigung gemäß § 13 DepotG bucht die Bank die Wertpapiere aus dem Kundendepot aus und in ein eigenes Depot ein.

5) Da eine Besicherung in Form von Wertpapieren vorgesehen ist, transferiert die Bank am Anfangstag Wertpapiere auf das Sicherheitenkonto des Verleihers.

6) Die Bank sendet zugleich eine Eigenanzeige gemäß § 4 Abs. 2 Depotgesetz an den Verleiher. Die volle Geltendmachung von Pfand- und Zurückbehaltungsrechten setzt voraus, daß eine Eigenanzeige vorliegt.

7) Am Beendigungstag des Einzelgeschäftes werden die entliehenen Wertpapiere von der Bank wieder auf das Kundendepot zurückübertragen.

8) Der Verleiher gibt die ihm zur Besicherung überlassenen Wertpapiere frei, die Bank bucht diese wieder in ihren Eigenbestand.

9) Nach Ablauf des Geschäftes überweist die Bank die fälligen Entleihgebühren auf das Geldkonto des Verleihers.

Die Abwicklung des kompletten Geschäftes wird in der folgenden Abbildung zusammengefaßt:

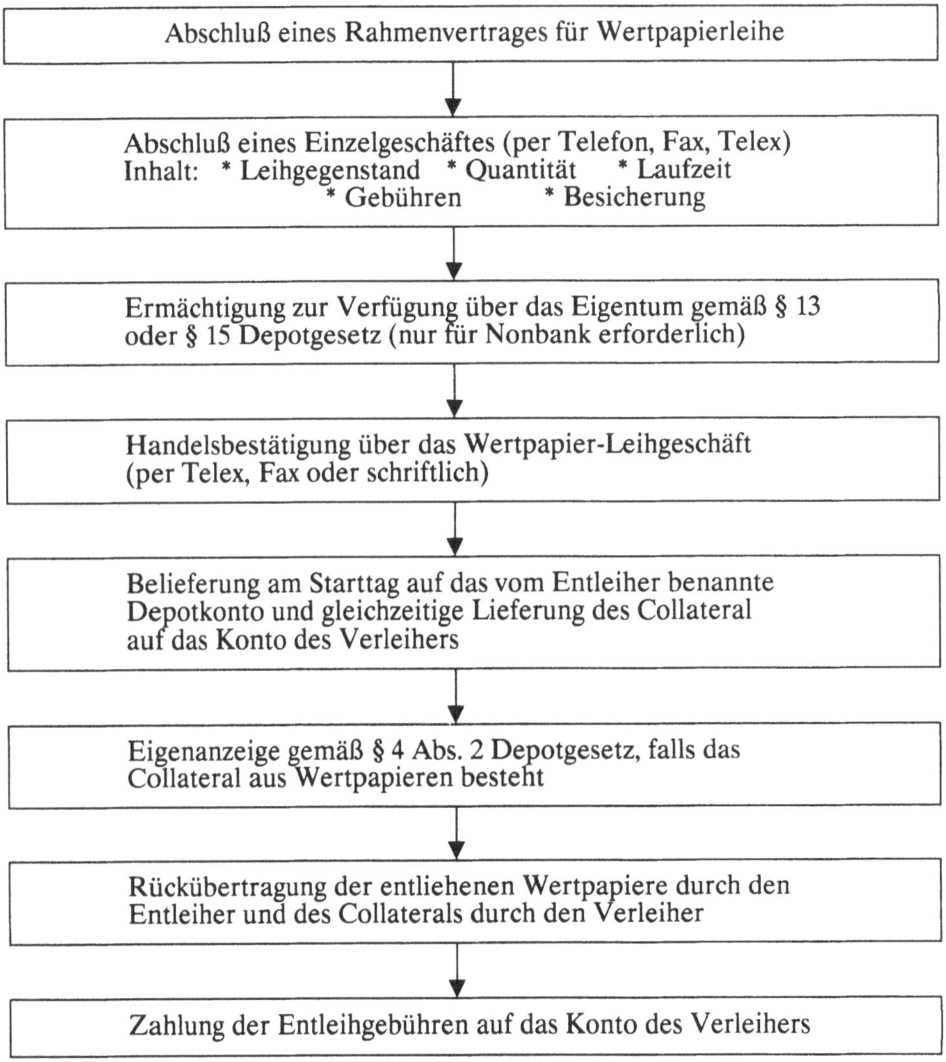

Abbildung 9: Die Abwicklung eines Wertpapierleihe-Geschäfts nach dem Principal-Modell

9. RISIKEN BEI DER WERTPAPIERLEIHE

Wertpapierleihe-Geschäfte unterliegen - abhängig von der Wahl des Modells (Agent- oder Principal-Modell), des Geschäftspartners und der Besicherung - bestimmten Risiken. Im folgenden werden das Kredit-, das Markt- und das Transaktionsrisiko erörtert.

9.1. Kredit- oder Adressenausfallrisiko

Entscheidend für die Beurteilung des Kreditrisikos ist a) die Wahl des Modells, innerhalb dessen Wertpapiere verliehen werden, und b) Art und Umfang der Besicherung.

Beim unbesicherten Principalgeschäft ist das Kreditrisiko vollständig von der Bonität des jeweiligen Entleihers abhängig. Wird ein besichertes Principalgeschäft abgeschlossen, so verlagert sich - im Falle eines Wertpapier-Collateral - das Risiko auf die Bonität des Emittenten. Erfolgt die Besicherung in Form einer Bankgarantie, dann ist für den Verleiher die Bonität des Garantieleistenden von Bedeutung. Die Besicherung durch ein Cash-Collateral wäre unter dem Aspekt des Ausfallrisikos für einen Verleiher daher die einfachste Lösung.

Anders stellt sich die Lage dar, wenn der Verleiher sich für eine Verleihe innerhalb des Agent-Modells entscheidet. Kreditrisiken sind beim Agent-Modell nahezu ausgeschaltet, vor allem dann, wenn der Agent sich bereit erklärt, die Risiken selbst zu tragen und gegenüber dem Verleiher eine Garantie gewährt. Der Agent läßt sich ausreichende Sicherheiten vom Entleiher bestellen, und zwar im Regelfall noch bevor dieser ein erstes Entleihgeschäft tätigen darf. Bei institutionell organisierten Wertpapier-Leihesystemen ist häufig ein Bankenkonsortium der Garantieleistende, so daß die Risiken bei der institutionalisierten Leihe als äußerst gering erachtet werden dürften.

9.2. Marktrisiko

Das Marktrisiko oder Preisänderungsrisiko besteht darin, daß im Falle nicht ausreichend bemessener Sicherheitsmargen Kursänderungen der Wertpapiere zu einer Unterdeckung des wertmäßigen Darlehensbetrages führen können. In der Kombination sinkender Kurswert des Collateral (falls ein Wertpapier-Collateral gegeben wurde) und steigendem Kurswert der verliehenen Wertpapiere würde das Marktrisiko seine größte Wirkung entfalten. Das Marktrisiko wird daher im Falle von Wertpapiersicherheiten umso geringer sein, je größer der Sicherheitszuschlag für den Darlehensgegenstand und je niedriger der Beleihungswert für ein Wertpapier-Collateral bemessen ist.

Bei der Wertpapierleihe der Deutschen Kassenverein AG werden offene Verleihpositionen bei Aktien mit einen 10%-igen Risikofaktor, bei Renten mit einem 5%-igen Risikofaktor bewertungsmäßig erhöht. Sicherheiten in Form von festverzinslichen Wertpapieren werden mit 75%, in Form von Aktien mit 50% (jeweils vom Tageskurs) auf den Darlehenswert angerechnet. Die Positionen "schwebende Geschäfte" und "Sicherheiten" werden täglich bewertet und gegenübergestellt. Im Falle einer Unterdeckung hat der Entleiher entweder die Sicherheiten aufzustocken oder ein bestimmtes Volumen an entliehenen Wertpapieren zurückzuübertragen.

Bei vorsichtiger Bemessung der Sicherheitsmargen und mindestens täglicher Bewertung der verliehenen Wertpapiere und des Collateral, kann das Marktrisiko nahezu eliminiert werden.

Ein Marktrisiko in anderer Form besteht darin, daß verliehene Wertpapiere bei einer befristeten Laufzeit nicht für Dispositionen zur Verfügung stehen und somit bei rückläufigen Kursen nicht verkauft werden können. Auch bei unbefristeter Laufzeit ist zumindest für die Dauer der einzuhaltenden Kündigungsfrist eine Veräußerung nicht möglich. Ein Verleiher hat aber die Möglichkeit, derartige Risiken bei Bedarf durch einen Short Sale oder in anderer Weise zu hedgen.

9.3. Transaktionsrisiko

Beim Agent-Modell ist es häufig so, daß der Entleiher vor Aufnahme von Wertpapierleihe-Geschäften ausreichend Sicherheiten beim Agent zu hinterlegen hat.

Anders beim Principal-Modell: Hier werden die Wertpapiere, die als Sicherheit dienen, meist Zug um Zug mit den Wertpapieren, die verliehen werden sollen, übertragen. Dadurch entsteht ein Transaktionsrisiko, da nicht ganz ausgeschlossen werden kann, daß eine Partei ihre Lieferverpflichtung nicht oder verspätet erfüllt. Bei der Rückübertragung der Wertpapiere am Beendigungstag eines Einzelgeschäftes verfahren viele Verleiher daher so, daß sie das Collateral erst freigeben, wenn die verliehenen Wertpapiere wieder ins eigene Depot eingebucht worden sind. Das Transaktionsrisiko läßt sich weitgehend begrenzen, wenn der Verleiher beim Entleiher (eine Bank) ein Depotkonto unterhält, in welchem sich die für die Verleihe vorgesehenen Wertpapiere befinden.

Als eine Möglichkeit zur vollständigen Eliminierung des Transaktionsrisikos aus Verleihersicht bietet es sich an, sich das Collateral nicht Zug um Zug, sondern schon einen Tag vor Leihbeginn übertragen zu lassen. Gleichwohl wird nicht jeder Kontrahent hierzu bereit sein.

Im Bereich der internationalen Wertpapierleihe ist der Verleiher gut beraten, den Service eines Global Custodian (einer international operierenden Depotbank) in Anspruch zu nehmen. Die Vielfalt unterschiedlicher Handels- und Abwicklungsusancen könnte das Geschäft sonst leicht unkalkulierbar und unnötig kompliziert machen.

10. ALTERNATIVE ZUM WERTPAPIERLEIHE-GESCHÄFT: DAS WERTPAPIERPENSIONSGESCHÄFT

10.1. Begriffsdefinition

Wertpapierpensionsgeschäfte werden im folgenden definiert als Geschäfte, bei denen Vermögensgegenstände (hier Wertpapiere) gegen Zahlung eines Geldbetrages vom Pensionsgeber auf den Pensionsnehmer übertragen werden. Besteht für den Pensionsnehmer dabei die Verpflichtung, die Wertpapiere gegen Rückerhalt des entrichteten oder aber eines anderen im voraus vereinbarten Betrages zurückzugeben, so handelt es sich um *echte* Pensionsgeschäfte. Wenn der Pensionsnehmer zur Rückgabe berechtigt, nicht jedoch verpflichtet ist, liegt ein *unechtes* Pensionsgeschäft vor.

Der Zeitpunkt der Rückübertragung kann im voraus vereinbart sein. Er wird bei *echten* Pensionsgeschäften vom Pensionsgeber, bei *unechten* Pensionsgeschäften vom Pensionsnehmer bestimmt.

Unecht-echte Pensionsgeschäfte sind solche, für die eine Rückgabeverpflichtung zwar besteht, eine Vermögenzurechnung des Pensionsgegenstandes aber aus bilanzrechtlicher Sicht beim Pensionnehmer erfolgt. Die Umsetzung der EG-Bankbilanzrichtlinie in nationales Recht ist mit Wirkung zum 1.1.1991 erfolgt. Die Vorschriften des Bankbilanzrichtlinie-Gesetzes sind erstmals auf das Geschäftsjahr 1993 anzuwenden. Unecht-echte Pensionsgeschäfte wird es danach nicht mehr geben, da nur noch die Unterscheidung zwischen echten und unechten Pensionsgeschäften Relevanz besitzt.

Pensionsgeschäfte werden in Art. 12 Abs. 1 der EG-Bankbilanzrichtlinie definiert als Geschäfte, "durch die ein Kreditinstitut oder ein Kunde ("Pensionsgeber") eigene Vermögensgegenstände - zum Beispiel Wechsel, Forderungen oder Wertpapiere - an ein anderes Kreditinstitut oder an einen Kunden ("Pensionsnehmer") überträgt, sofern vereinbart wird, daß dieselben Vermögensgegenstände später zu einem vereinbarten Preis an den Pensionsgeber zurückübertragen werden. Im Vergleich zur geltenden Rechtslage ergeben sich hieraus nur geringfügige Änderungen.

Ursprünglich diente eine vorübergehende Übertragung von Vermögensgegenständen zugunsten einer Bank als Instrument der Kreditbesicherung. Zur Zeit der Zinsreglementierung (bis 1967) wurden Pensionsgeschäfte dazu eingesetzt, die Höchstzinsverordnung für Einlagen zu umgehen und um Anlegern eine marktgerechte Verzinsung zu sichern.[53]

Die Deutsche Bundesbank setzt Wertpapierpensionsgeschäfte im Rahmen der Offenmarktpolitik als Instrument zur Feinsteuerung des Geldmarktes ein. Kreditinstitute, die Wertpapiere "in Pension" geben, verschaffen sich auf diese Weise Liquidität, ohne daß eine Anrechnung auf das Lombard- bzw. Rediskontkontingent erfolgt.
Bilanzpolitische Motive können ebenfalls für die Kreditinstitute von Bedeutung sein. Zugeteilt werden die Mittel nach dem Tenderverfahren, wobei ein Mengen- und ein Zinstender zur Anwendung kommt.

Beispiel: Wertpapierpensionsgeschäft eines Kreditinstituts mit der Deutschen Bundesbank (Abbildung 10)

ausmachender Betrag: 50 Millionen
Laufzeit: 35 Tage
Pensionssatz: 8,6%

Vorgang am Valutatag des Verkaufs:

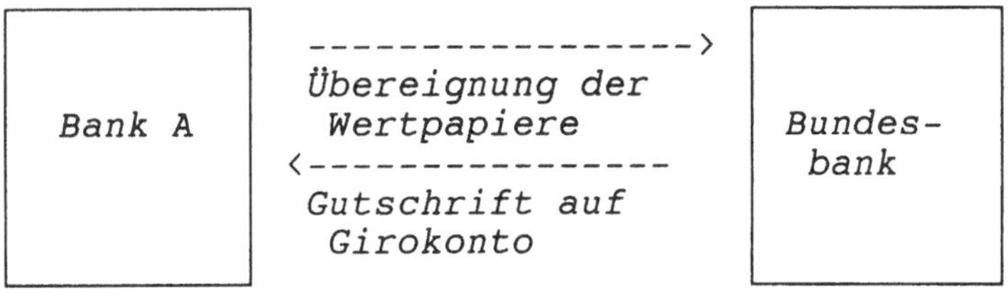

53 Vgl. Schierenbeck, Henner: Institutionelle Bankbetriebslehre, Stuttgart, 1987, Seite 189.

Vorgang am Valutatag des Rückkaufs:

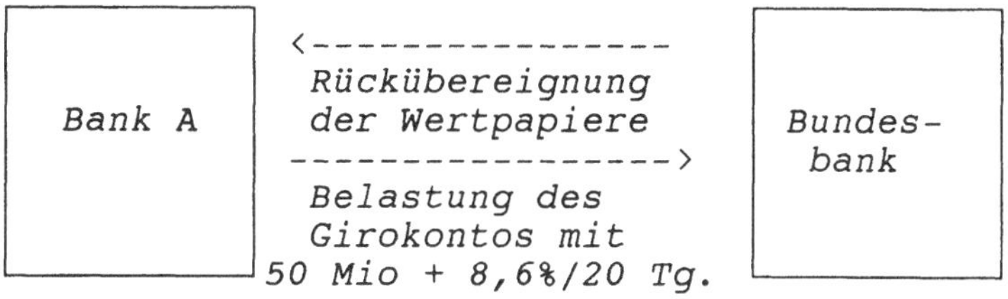

Jene Wertpapierpensionsgeschäfte, die nicht mit der Deutschen Bundesbank abgewickelt werden, sondern beispielsweise zwischen Kapitalsammelstellen und Banken oder zwischen Banken untereinander, haben im Zuge der Globalisierung des Wertpapierhandels und der Ausweitung des Handels in derivativen Produkten stark an Bedeutung gewonnen. Diesbezügliche Repo-Transaktionen können als "hybrid" charakterisiert werden, da es sich aus Sicht des Pensionsgebers um Geldmarkt-, aus der Sicht des Pensionsnehmers um Wertpapier-Transaktionen handelt. Der Pensionsgeber ist, ähnlich dem Verleiher von Wertpapieren, vornehmlich an der Steigerung seiner Rendite oder aber an der kurzfristigen und preiswerten Aufnahme von Geldmitteln interessiert, während der Pensionsnehmer, ähnlich dem Entleiher von Wertpapieren, am kurzfristigen Erwerb der Stücke oder aber an der Vergabe von Gelddarlehen ein Interesse hat. Diese Doppelfunktion veranschaulicht Abbildung 11.

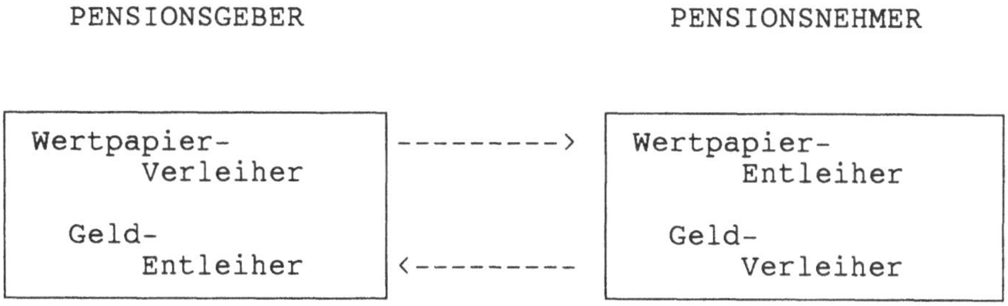

Abbildung 11: Doppelfunktion von Repos

Wegen der engen wirtschaftlichen Verwandtschaft zwischen Wertpapierleihe- und Repogeschäften, sind die Motive des Verleihers und Pensionsgebers einerseits und die Motive des Entleihers und Pensionsnehmers andererseits, oft identisch.

10.2. Unterschiede zur Wertpapierleihe

10.2.1. Rechtliche Unterschiede

Das Wertpapierleihe-Geschäft ist, sofern es sich um ein Direktgeschäft handelt, ein Sachdarlehen gemäß § 607ff BGB.

Das Repogeschäft, das mit der Maßgabe der Rückübereignung der Wertpapiere geschlossen wurde, ist, nach herrschender Meinung als zweifacher Kaufvertrag (Kauf und Rückkauf) zu klassifizieren. Nach Ansicht des Verfassers sprechen aber mehrere Faktoren dafür, der Darlehensvertragstheorie den Vorzug zu geben.[54] Das Hauptargument gründet auf der Tatsache, daß die Differenz zwischen dem Verkauf- und dem Rückkaufbetrag Zinscharakter hat. Die Repo-Rate, um welche kalkulatorisch der Verkaufsbetrag erhöht wird, entspricht dem Finanzierungskostensatz, den der Pensionsgeber als Geldentleiher an den Geldgeber zu zahlen hat. Stigum weist darauf hin, daß sich die Repo-Rate nicht an der Wertpapierrendite orientiert, wie dies bei einem Wertpapierkaufgeschäft der Fall wäre, sondern am kurzfristigen Geldmarktzins.[55] Die Wertpapiere haben hier die Funktion, als Collateral zu dienen. Dies wird eindeutig durch die im angelsächsischen Raum verbreitete Praxis bekräftigt, die Wertpapiere reduziert um eine "hair-cut"-Margin anzurechnen. In Deutschland hat der Pensionsgeber gemäß den geltenden Bilanzierungsregeln eine Verbindlichkeit in Höhe des aufgenommenen Geldbetrages zu passivieren.

10.2.2. Unter dem Risikoaspekt (Besicherung)

In der Praxis werden WPL-Geschäfte von Kunden mit Banken, bei denen der Kunde in der Position des Verleihers auftritt, häufig nicht besichert. Die Bonität des Kreditinstituts sowie die meist kurze Laufzeit der jeweiligen WPL-Geschäfte lassen das Kreditrisiko denn auch als sehr gering erscheinen. Findet eine Besicherung statt, sei es, weil der Verleiher sich auf Grund aufsichtsrechtlicher Bestimmungen hierzu veranlaßt sieht oder aus sonstigen Gründen, dann werden meist Wertpapiere als Sicherheit übertragen.

---

54 Die Darlehensvertragstheorie wird vertreten von Canaris, Claus-Wilhelm: Großkommentar zum HGB, 3. Auflage, Berlin, New York 1981.

55 Vgl. Stigum, Marcia: The Repo and Reverse Markets, Homewood, Illinois 1989, Seite 318

Das Repogeschäft hat grundsätzlich den Charakter eines besicherten Darlehens, da die geldgebende Partei Wertpapiere und die wertpapiergebende Partei Geld als Sicherheit erhält. Daher werden Repogeschäfte WPL-Geschäften in den Fällen vorgezogen, in denen man - der Vereinfachung des Geschäfts wegen - weitgehend auf eine Bonitätsprüfung des Kontrahenten verzichten möchte. Das Risiko beim Pensionsgeschäft umfaßt das Transaktions-, das Preisänderungs- und das Kreditrisiko. Das Preisänderungsrisiko macht sich in der Weise bemerkbar, daß der Pensionsgeber Wertpapiere zu einem - bei inzwischen gestiegenen Zinsen - über dem Marktwert liegenden Preis zurückkaufen muß. Der Pensionsnehmer trägt ein Bonitätsrisiko, bestehend darin, daß der Pensionsgeber zum Rückkauf nicht in der Lage ist.

In der Praxis werden Repos zunehmend in zwei getrennten Geschäften abgewikkelt, einem separaten Kassaverkauf und einem Terminrückkauf (sogenannte Buy/Sell-Transaktionen), so daß der wirtschaftliche Zusammenhang im Rechnungswesen nicht mehr zu erkennen ist.[56] Wie der Fall DG-Bank zeigte, kann daraus ein erhöhtes Bonitätsrisiko für den Pensionsnehmer resultieren, falls dieser den Rückkauf verweigern sollte.

In den Vereinigten Staaten machte 1982 der Fall von Drysdale Government Securities (DGS) negative Schlagzeilen. Drysdale hatte Repopositionen in Höhe von 2,5 Mrd. Dollar long und 4 Mrd. Dollar short eröffnet. Die Short-Positionen bestanden meist aus Anleihen mit hohem Kupon kurz vor dem Zinstermin. Der hingegebene Geldbetrag beinhaltete jedoch keine Stückzinsen. Weiterveräußert wurden die hereingenommenen Wertpapiere dann aber inclusive des Stückzinsbetrages. Der daraus resultierende positive Cash Flow wurde in hochspekulative Titel investiert. Bei einem größeren Zinstermin hatte DGS sich verspekuliert und war nicht mehr in der Lage, die dem Verleiher zustehenden Zinsen zu zahlen.57

Unter dem Risikoaspekt mag es für einen Investor ein weiteres Unterscheidungsmerkmal zwischen der Wertpapierleihe und dem Repogeschäft geben, welches darin besteht, daß der Pensionsgeber während der Laufzeit des Repos nicht über die Wertpapiere verfügen kann. Bei rückläufiger Markttendenz

---

56 Vgl. Landeszentralbank in Hessen: Finanzmarkt-Bericht vom Mai 1991, Frankfurt 1991, Seite 2.

57 Vgl. Stigum, Marcia, a.a.O., Seite 211.

würde er eventuell gerne einen Verkauf der Wertpapiere ausführen, kann dies dann aber nicht tun. Ein Investor, der aber ein Leihegeschäft mit nicht befristeter Laufzeit abgeschlossen hat, hat die Möglichkeit, nach erfolgter Kündigung und Ablauf der Kündigungsfrist vorzeitig wieder über die Wertpapiere verfügen. Eine eingeschränkte Disposition aufgrund einer festen Laufzeit eines Repos oder auch eines Leihegeschäftes muß jedoch für einen Investor kein Risiko darstellen, weil grundsätzlich ausreichende Hedgingmöglichkeiten gegeben sind.

10.2.3. Wirtschaftliche Unterschiede

Vom ökonomischen Standpunkt aus betrachtet, bestehen weitreichende Übereinstimmungen zwischen den beiden Geschäftsarten Wertpapierleihe und Repogeschäft.

Der Verleiher bzw. der Pensionsgeber möchte die Rendite seines Wertpapier-Portefeuilles erhöhen (das Motiv der Liquiditätsbeschaffung ist im thematischen Zusammenhang hier nicht von Belang). Der Entleiher bzw. der Pensionsnehmer dagegen benötigt Wertpapiere für diverse Zwecke. Für den Pensionsnehmer existieren grundsätzlich die gleichen Verwendungsmöglichkeiten der Wertpapiere, wie sie sich für den Entleiher im WPL-Geschäft darstellen (Arbitrage, Eindeckung von Shorts, Lieferverpflichtungen etc.).

Vertraglich wird der Verleiher/Pensionsgeber in der Regel so gestellt, daß ihm Zinsen, Dividenden und sonstige Rechte aus den Wertpapieren zukommen. Der Entleiher/Pensionsnehmer wird aber voller wirtschaftlicher Eigentümer der Wertpapiere und kann diese ohne Einschränkung verwenden.

Bei der Durchführung von Wertpapierpensionsgeschäften sind prinzipiell drei Gestaltungsvarianten denkbar:

1. Der Rückkaufspreis weicht vom Verkaufspreis ab. Liegt die Verzinsung einer verpensionierten Anleihe höher als die Repo-Rate, ergibt sich ein niedrigerer Rückkaufspreis und umgekehrt.

2. Wenn Verkaufs- und Rückkaufspreis identisch sind, wird eine Ausgleichszahlung notwendig.

3. Wird der Pensionsgegenstand auf der Basis des Buchwertes (Bilanzausweis beim Pensionsgeber) und nicht auf der Basis des aktuellen Marktpreises abgerechnet, so ist ebenfalls eine Ausgleichszahlung erforderlich.

Für diese drei Varianten von Wertpapierpensionsgeschäften nachfolgend je ein Beispiel. Der Pensionsgeber nimmt dabei wirtschaftlich die Rolle eines Investors ein, da er die erlangten Geldmittel fristenkongruent am Geldmarkt anlegt.

Beispiel 1:

Der Investor gibt nominal 10 Mio. DM 7,25% Bundesanleihen (fällig am 20.1.2000) an ein Kreditinstitut in Pension und legt den erhaltenen Geldbetrag zu 8,25% am Geldmarkt an. Für die Laufzeit des Repogeschäfts vom 2.4. bis 23.4. wird eine Repo-Rate von 6,60% vereinbart. Die Zahlungsströme am Start- und Endtag haben folgendes Aussehen:

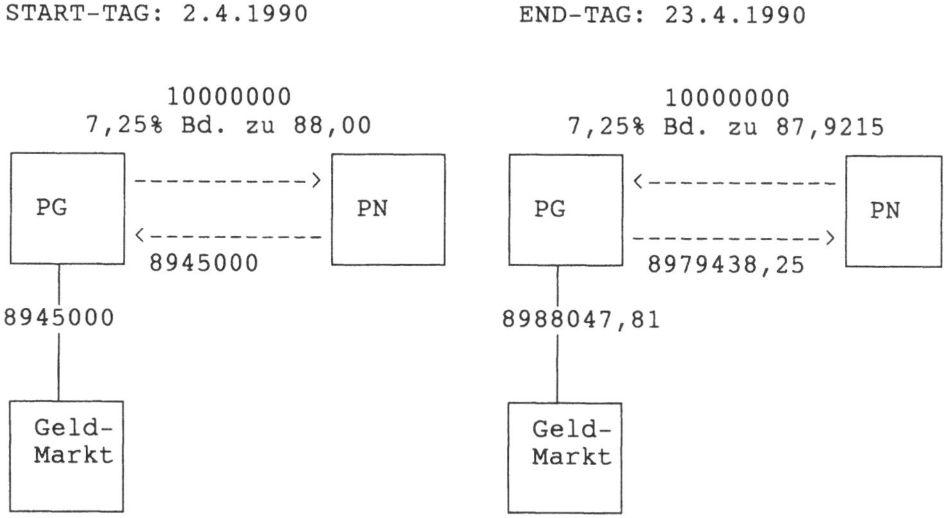

Abbildung 12: Repogeschäft (Rückkaufpreis ungleich dem Kaufpreis)

Per Saldo ergibt sich für den Investor ein Ertrag in Höhe von DM 8609,56.

Beispiel 2:
(Gleiche Daten wie in Beispiel. 1, nur Verkaufskurs = Rückkaufskurs)

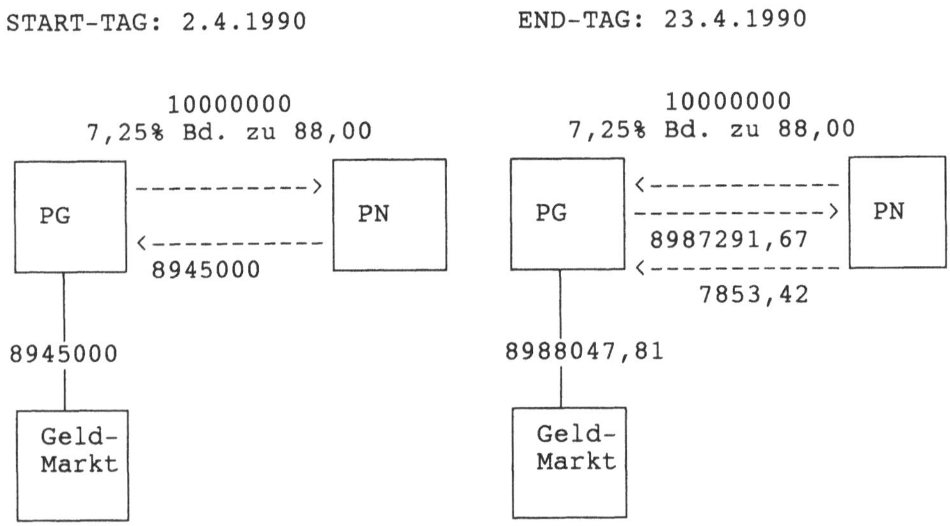

Abbildung 13: Repogeschäft (Rückkaufpreis gleich dem Kaufpreis)

Per Saldo ergibt sich somit der gleiche Ertrag wie im ersten Fall, nämlich DM 8609,56.

Beispiel 3:
(Der Verkaufs- und der Rückkaufspreis werden in Höhe des Buchwertes - Bilanzausweis beim Pensionsgeber - abgerechnet). Der Buchwert betrage DM 82,-

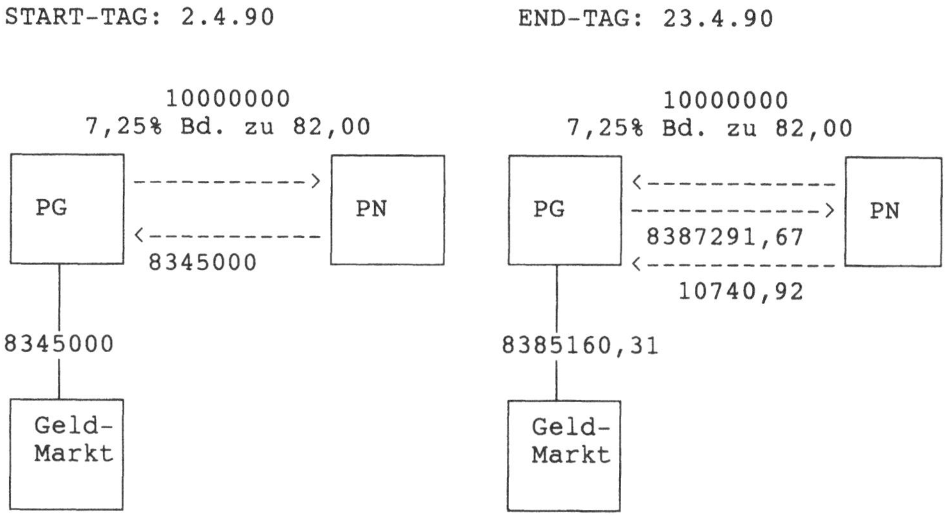

Abbildung 14: Repogeschäft (Rückkaufpreis und Kaufpreis auf Basis des Buchwertes)

Die Höhe der Ausgleichszahlung bemißt sich auf 10740,92 DM, da die Opportunitätskosten des Pensionsgebers, der einen um 600.000 DM gekürzten Anlagebetrag am Geldmarkt investiert, zu berücksichtigen sind. Diese Kosten betragen:
*600.000 * (8,25% - 6,60%) für 21 Tage, also 577,50 DM.*

Ein Investor wird beim Vergleich zwischen der Wertpapierleihe und dem Repogeschäft grundsätzlich folgende Vorteilhaftigkeitsüberlegungen anstellen:

Ist die positive Differenz von Geldmarktzins und Repo-Rate größer als die erzielbare Verleihgebühr, so wird er sich für den Abschluß des Repogeschäfts entscheiden, da ihm dieses die bessere Rendite sichert.

Umgekehrt wird ein Entleiher bei gleicher Sachlage bemüht sein, sich die Wertpapiere über die Leihe zu beschaffen. Es gilt daher für den Verleiher (Pensionsgeber):

Geldmarktsatz minus Repo-Rate > Verleihgebühr,
dann Abschluß Repogeschäft

Geldmarktsatz minus Repo-Rate < Verleihgebühr,
dann Abschluß Leihegeschäft

Aus Sicht des Entleihers (Pensionsnehmers) gilt:

Geldmarktsatz minus Repo-Rate > Verleihgebühr,
dann Abschluß Leihegeschäft

Geldmarktsatz minus Repo-Rate < Verleihgebühr,
dann Abschluß Repogeschäft

Repo-Trading. Der Abschluß von Repogeschäften bietet auch die Möglichkeit - durch gezielten Abschluß eines bzw. mehrerer Gegengeschäfte (Reverse Repo) - von einer erwarteten Zinsentwicklung im kurzfristigen Laufzeitenbereich zu profitieren.

Beispiel:

1. *Ein Repo-Trader, der mit steigenden Zinsen rechnet, gibt Wertpapiere für einen Monat in Pension. Die Repo-Rate betrage 8,4%.*

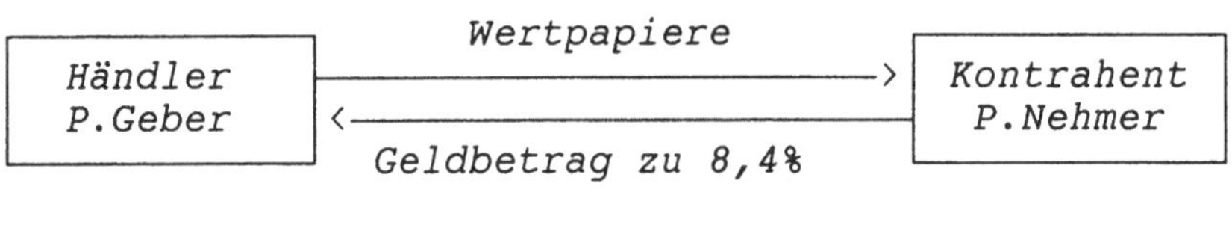

2. *Der Händler schließt ein Reverse Repo mit einer Laufzeit von einer Woche ab (Repo-Rate = 8,4%).*

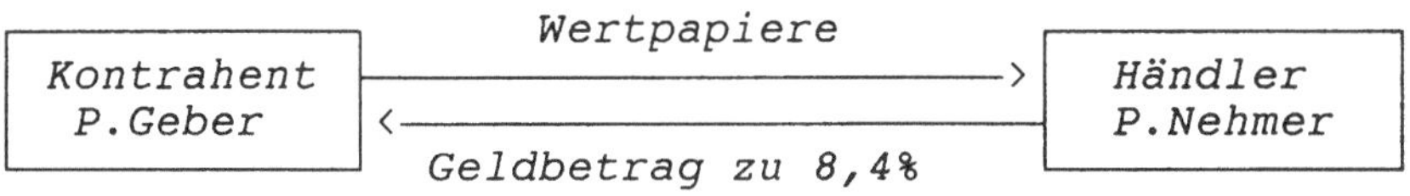

3. Nach Ablauf der Woche sind die Zinsen gestiegen und der Händler schließt ein weiteres Reverse Repo für die Laufzeit der verbleibenden drei Wochen ab. Die Reporate hat sich um 40 Basispunkte auf 8,8% erhöht.

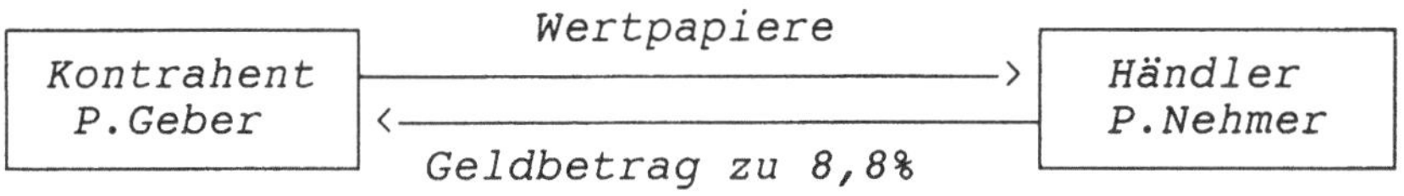

Abbildung 15: Repotrading "Mismatched Book"

Im Ergebnis vereinnahmt der Händler dadurch einen Spread von 30 Basispunkten für die gesamte Transaktion. Bei den Kontrahenten handelt es sich jeweils um andere Geschäftspartner, mit denen das Geschäft abgeschlossen wurde. Diese Form des Repotrading wird in der Händlersprache als "Mismatched Book" bezeichnet.

Ein "Matched Book" liegt vor, wenn ein Händler einem Repogeschäft ein Reverse Repo laufzeitenkongruent gegenüberstellt (oder umgekehrt).

Beispiel:
Ein Händler nimmt Wertpapiere herein (Reverse Repo). Es wird eine Repo-Rate von 8,4% vereinbart. Kurz darauf "matched" der Händler die Position durch Abschluß eines Repos. Die Repo-Rate beträgt 8,35%. Die gesamte Transaktion erbringt einen Spread von fünf Basispunkten.

10.2.4. Bilanzielle und buchhalterische Unterschiede

Wertpapierleihe. Aufgrund der wirtschaftlichen Zurechnung der Wertpapiere beim Entleiher hat dieser die Wertpapiere in seinen Aktiva zu erfassen und eine entsprechende Verbindlichkeit zu passivieren.

Repogeschäft. Hingegen sind beim echten Wertpapierpensionsgeschäft die Wertpapiere weiterhin dem Bestand des Pensionsgebers zuzurechnen. Der Pensionsgeber hat außerdem eine Verbindlichkeit in Höhe des erhaltenen Geldbetrages zu passivieren (§ 340b Abs.4 Satz 1 HGB)

Wurde ein unechtes Wertpapierpensionsgeschäft abgeschlossen, dann werden die Wertpapiere vom Bestand des Pensionsgebers abgesetzt und nur dem Bestand des Pensionsnehmers zugerechnet (340b Abs.5 Satz 1 HGB).

Ebensowenig wie beim echten Pensionsgeschäft stellt sich die Frage einer Gewinnrealisierung wenn der Verkaufspreis über dem Buchwert liegt. Der Bankenfachausschuß führt aus, daß der im Zusammenhang mit einer Pensionsvereinbarung festgelegte Preis nicht als Objektivierung des Vermögensgegenstandes durch den Markt anzusehen ist, da der Pensionsnehmer die Wertpapiere zurückübertragen kann und daher kein Risiko eingeht, wenn er einen überhöhten Preis akzeptiert.[58] Birck kommt zum gleichen Ergebnis, indem er feststellt, daß Gewinne nur zu berücksichtigen sind, wenn sie am Abschlußstichtag realisiert sind (§ 252 Abs. 1 Nr. 4 HBG). Der Eingang des Gegenwertes reicht hierzu jedoch nicht aus, es müßte darüberhinaus die Rücknahme des Pensionsgegenstandes ausgeschlossen sein.[59]

Bei einem unecht-echten Wertpapierpensionsgeschäft erfolgt eine Zurechnung der Wertpapiere nur beim Pensionsnehmer, wenngleich eine Pflicht zur Rückübereignung der Wertpapiere gegeben ist.

Kennzeichnend für ein unecht-echtes Pensionsgeschäft ist, daß der Pensionsnehmer die Stücke für wirtschaftliche Zwecke verwenden und nur Stücke gleicher Ausstattung (gleiche Wertpapiergattung) zurückübereignen möchte. Beim gewöhnlichen Wertpapierpensionsgeschäft sind die konkret hingegebenen Stücke und nicht gleichartige Stücke zurückzugeben.[60]

---

58 Vgl. Treuberg von, Hubert Graf/Scharpf, Paul: Pensionsgeschäfte und deren Behandlung im Jahresabschluß von Kapitalgesellschaften nach § 340b HGB, in: Der Betrieb, (44.Jahrgang), Heft 24 vom 14.6.1991, Seite 1237.

59 Vgl. Birck, Heinrich: Die Bankbilanz, Teil 5, 3. Auflage, Wiesbaden 1989, Seiten 463-464.

60 Vgl. Häuselmann, Holger, Seite 16.

Bei der Abgrenzung zwischen echten und unechten Pensionsgeschäften ergeben sich in der Praxis häufig Probleme. Nach Birck sind zahlreiche Fälle zu beobachten, bei denen es sich scheinbar um keine oder um unechte Pensionsgeschäfte, de facto aber um echte Pensionsgeschäfte handelt.

Birck führt als Beispiele an:

1. Sogenannte gerissene Pensionsgeschäfte, bei denen die schriftliche Vereinbarung über den Terminrückkauf regelmäßig erst nach Abschluß des Verkaufsvertrages geschlossen wird.

2. Geschäfte, bei denen die Vereinbarung über den Terminrückkauf nicht oder nur mündlich geschlossen wird, sich jedoch aus der tatsächlichen Handhabung das Bestehen einer Rückkaufvereinbarung ergibt.

3. Die Rückgabepflicht des Pensionsnehmers wird ausdrücklich ausgeschlossen, ergibt sich aber aus der Tatsache, daß der Pensionsgegenstand zu einem Preis in Pension genommen wurde, der über dem Marktpreis liegt.[61]

10.2.5. Abwicklungstechnische Unterschiede

Aus abwicklungstechnischer Sicht entsprechen Repogeschäfte normalen Wertpapierhandelsgeschäften, sind also auch wie diese zu behandeln. Die Rückkaufverpflichtung - soweit es sich nicht um ein unechtes Repogeschäft handelt - ist jedoch unter Beachtung der Anforderungen des Rechnungswesens ausreichend zu dokumentieren. Hierzu gehört, daß eine Bestätigung an den Kontrahenten zu versenden ist, in der der Kauf und der Verkauf, einschließlich Kurs und Valutatag, aufgeführt sein muß. Diese Bestätigung muß vom Kontrahenten gegenbestätigt werden. Die offenen Geschäfte sind darüber hinaus in einer Fälligkeitsdatei zu überwachen. Diesen höheren Reporting-Erfordernissen steht im Vergleich zu einem nicht besicherten WPL-Geschäft gegenüber, daß zuvor kein umfangreicher Rahmenvertrag unterzeichnet werden muß. Außerdem entfällt die Notwendigkeit, ein Depotkonto zu eröffnen, welches bei WPL-Geschäften wegen der schnelleren und sichereren Abwicklung oft gegeben ist.

---

61 Vgl. Birck, Heinrich: Die Bankbilanz, 3. Auflage, Teil 5, Wiesbaden 1989, Seite 460.

10.2.6. Aufsichtsrechtliche Unterschiede

Ein Kreditinstitut, das Repogeschäfte in der Rolle des Pensionsgebers mit einer ausländischen Adresse oder einer Non-Bank abschließt, hat gemäß den Anweisungen über Mindestreserven die erlangten Gelder auf seine Mindestreservepflicht anzurechnen. Dies bewirkt, daß Repogeschäfte in dieser Richtung wirtschaftlich für eine Bank nicht mehr von Interesse sind und derartige Geschäfte über eigene Töchter im Ausland abgewickelt werden.

10.3. Der inländische Repomarkt

Der Markt für Repogeschäfte in Deutschland besteht zum einen aus jenem Bereich, der die Geschäfte von Banken mit der Deutschen Bundesbank umfaßt, zum anderen aus dem Bereich, bei dem das wirtschaftliche Interesse des Pensionsnehmers sich darauf konzentriert, bestimmte Wertpapiere zu erhalten.

Der Markt für den zuletzt genannten Bereich - welcher funktional eng mit der WPL verwandt ist - weist in Deutschland noch ein vergleichsweise geringes Volumen auf. Die ersten Repos wurden in Deutschland in der ersten Hälfte des Jahres 1989 gehandelt.[62] Nach einer Schätzung der Landeszentralbank in Hessen beträgt das Volumen - gemessen an den täglich ausstehenden Geschäften - derzeit etwa vier bis fünf Millarden DM. Beteiligt an diesen Geschäften sind am Bankplatz Frankfurt circa 15 bis 20 Kreditinstitute, von denen vier 85% des Gesamtvolumens abdecken. Es handelt sich bei diesen vier Instituten um deutsche Niederlassungen ausländischer Banken. Circa 2/3 der Geschäfte werden in Anleihen, circa 1/3 in Aktien abgeschlossen. Mit ein Grund für das geringe Volumen ist die Mindestreservepflicht hier ansässiger Banken, welche maßgeblich ist, wenn ein "verleihendes" Kreditinstitut (Pensionsgeber) Wertpapiere an eine Non-Bank bzw. eine ausländische Adresse gibt. Die Pensionsgeschäfte werden in diesen Fällen unrentabel, so daß die Kreditinstitute via Auslandstöchter das Geschäft nach London verlagert haben. Dort ist mittlerweile ein Repomarkt mit einem Volumen von mehr als zehn Milliarden DM entstanden.[63] Für die Liquidität des Wertpapierterminmarktes und die Wettbewerbsfähigkeit des

62 Vgl. Landgraf, Robert: Wertpapier-Pensionsgeschäfte stecken zur Zeit noch in den Kinderschuhen, in: Handelsblatt vom 10.5.1991.

63 Vgl. o.V. Wertpapierleihe - ein weiteres Segment des hiesigen Finanzmarktes, im Frankfurter Finanzmarktbericht der Landeszentralbank in Hessen, Ausgabe 5/91, Frankfurt 1991.

deutschen Finanzplatzes überhaupt wäre es wünschenswert, daß die Mindestreservepflicht für Repogeschäfte entfiele.

10.4. Der ausländische Repomarkt

Im folgenden Abschnitt beschränken wir uns auf die drei wichtigen Repomärkte in den USA, Großbritannien und Japan.

10.4.1. USA

Der Handel in Wertpapierpensionsgeschäften in den USA hat Geschichte. Er läßt sich zurückdatieren auf das Jahr 1913, als zugleich per Gesetz das Federal Reserve System begründet wurde.[64] Erste Repogeschäfte, in die die FED nicht involviert war ("Private Repos"), wurden 1950 abgeschlossen.[65] Danach setzte ein stetiger Zuwachs ein, der sich mit Beginn der erhöhten Staatsverschuldung in den 80-er Jahren stark beschleunigte. Während das Volumen 1981 noch etwa 100 Milliarden US-Dollar (gemessen am Volumen täglich ausstehender Geschäfte) betrug, wurde schon 1987 der sechsfache Betrag erreicht.[66] Nach aktuellen Schätzungen beläuft sich das Volumen nunmehr auf etwa eine Billion $.[67] Alle Schätzungen sind mit großer Unsicherheit behaftet, da die einzigen veröffentlichten Daten Statisiken der FED sind, in der jedoch nur zwei Gruppen von Marktteilnehmern erfaßt werden, nämlich die Primary Dealer und die Commercial Banks. Erschwerend kommt hinzu, daß eine bestimmte Anzahl der Primary Dealer Commercial Banks sind, so daß Doppelzählungen vorkommen. Diese entstehen auch dann, wenn Schätzdaten die Repo- und die Reverse Repo-Geschäfte additiv erfassen.

Da US-Banken täglich ihr Reservesoll nachweisen müssen, können buchstäblich über Nacht Liquditätsüberschüsse oder -defizite entstehen. Zwischen den Überschüssen - die Federal Funds genannt werden - und den Pensionsgeschäften bestehen enge Verbindungen. Dominant sind daher in den USA sogenannte Overnight-Repos, deren Laufzeit auf einen Tag beschränkt ist, und die etwa 80% aller Repo-Transaktionen ausmachen.

---

64 Vgl. Stigum, Marcia, a.a.O., Seite 81.
65 Vgl. Stigum, Marcia, a.a.O., Seite 107.
66 Vgl. Stigum, Marcia, a.a.O., Seite 8.
67 Vgl. o.V. Repos: The 50 Billion $ Secret, in Euromoney, Heft Juni 1991, London 1991, S.39.

Im Februar 1986 hat die Public Securities Association (PSA) einen standardisierten Vertrag veröffentlicht, der heute in der Mehrzahl der Geschäfte angewendet wird. Das Standard Agreement schafft eine gemeinsame und gleiche Basis für die Marktteilnehmer, wodurch Geschäftsabschlüsse vereinfacht und die weitere Entwicklung des Repomarktes gefördert werden.

10.4.2. Großbritannien

Der Repomarkt in Großbritannien hat aktuellen Schätzungen zufolge ein Volumen von mehr als 20 Mrd. Pfund.[68] Zusätzlich zu den Pensionsgeschäften mit britischen Wertpapieren werden am Finanzplatz London auch mehrere andere ausländische Wertpapiere mit Repos gehandelt. In London gibt es Broker, die sich regelrecht auf die Vermittlung von Repos spezialisiert haben. Meist stellen sie beiden Marktteilnehmern eine Gebühr von etwa 5 Basispunkten in Rechnung. Diese wird auf der Basis des Nominalbetrages und einer Zinskalkulation von 30/360 errechnet.

10.4.3. Japan

Der größere Teil des Handels in japanischen Anleihen wird über den OTC-Markt abgewickelt. Japanische Wertpapierhäuser müssen, um jederzeit einen Handel gewährleisten zu können, große Wertpapierbestände unterhalten. Diese Bestände finanzieren sie im wesentlichen über den Gensaki-Markt, den japanischen Repomarkt. Nach Angaben des Japan Securities Research Institute in Tokio erreichte das Handelsvolumen in Repos im Jahre 1988 die Größenordnung von 1.314.325 Mrd. Yen, was einem Anteil von 30,1% am gesamten Anleihen-Handelsvolumen entspricht. Die Entwicklung des Repohandels wird in der folgenden Tabelle dokumentiert:

---

68 Vgl. Finanzmarkt-Bericht der Landeszentralbank in Hessen vom Mai 1991, Seite 1.

Tabelle 3: Handelsvolumen von Repogeschäften im Vergleich zum gesamten Anleihe-Handelsvolumen (in Mrd. Yen).

Jahr	Anleihe Handelsvol	davon Repo's	Repoanteil in Prozent
1978	203476	106265	52,2
1979	209654	116782	55,7
1980	281316	156006	55,5
1981	301429	141531	47,0
1982	342832	135274	39,5
1983	419977	137206	32,7
1984	767160	148703	19,4
1985	2298539	251577	10,9
1986	2844107	590803	20,8
1987	5785650	1216891	21,0
1988	4368585	1314325	30,1

Quelle: Japan Securities Research Institute[69]

Der anteilige Rückgang der Repos am Gesamthandel in Anleihen (von 1981 bis 1987) ist darauf zurückzuführen, daß Unternehmen Zugang zu kokurrierenden Anlagemitteln wie CDs, Treasury Bills und Fremdwährungseinlagen erhielten. Ein zweiter Grund liegt in den steuerlich bedingten höheren Finanzierungskosten von Repogeschäften (Securities Transfer Tax). Nachdem steuerbefreite Gensaki-Kontrakte in größerem Umfang handelbar wurden, hat ein Wiederanstieg des Repoanteils am Gesamthandel eingesetzt.

Die Renditen für Pensionsgeschäfte und ein Gensaki-Index werden von der Japanes Securities Dealer Association veröffentlicht. Als Berechnungsgrundlage dient eine Formel, die auch für einen repräsentativen Querschnitt der im OTC-Markt gehandelten Werte benutzt wird.[70]

69 Japanese Securities Research Institute: Der Wertpapiermarkt in Japan 1990, Tokio 1990.
70 Vgl. Honeygold, Derek: Internationale Finanzmärkte, Cambridge 1989, Seite 148.

11. WERTPAPIERLEIHE IN ANDEREN LÄNDERN

Wertpapierleihe-Märkte haben sich mittlerweile in 14 Ländern rund um den Globus etabliert. Die größte Bedeutung haben - betrachtet man die Marktvolumina - die Märkte in den USA, Großbritannien und in Japan. Außer diesen Märkten werden in diesem Abschnitt noch die Leihe in den Niederlanden und in der Schweiz besprochen.

11.1. Vereinigte Staaten

Der Wertpapierleihe-Markt in den USA soll hier wegen der großen Unterschiede möglicher Gebühreneinnahmen in den Markt für inländische Wertpapiere und in den Markt für ausländische Wertpapiere unterteilt werden.

Die Gebühreneinnahmen für inländische Wertpapiere liegen zwischen 10 bis maximal 50 Basispunkten. Vorherrschend ist im Bereich amerikanischer Staatspapiere das Securities Lending, so die angelsächsische Bezeichnung für Wertpapierleihe-Geschäfte. Die Primary Dealer, eine Gruppe autorisierter Händler in Treasury Staatspapieren, sind verpflichtet, jederzeit einen liquiden Markt aufrechtzuerhalten. In der Funktion als Market Maker müssen sie verbindliche Geld- und Briefkurse stellen, so daß ein Geschäftsabschluß mit einem Käufer oder Verkäufer immer zustandekommen kann. Wenn nun beispielsweise auf Grund einer großen Nachfrage nach Treasuries, Primary Dealer Short Positionen eingehen müssen (Leerverkäufer), dann können sie eine kurzfristige Eindeckung über das Securities Lending realisieren. Das Lending-Geschäft ist daher aus Sicht der Primary Dealer von essentieller Bedeutung.

Primary Dealer unterliegen der Kontrolle und Überwachung durch die amerikanische Zentralbank (FED). Die Primary Dealer müssen täglich Aktivitäts- und Finanzreports an die FED schicken.

In den USA existiert - im Inlandbereich - ein sehr gut entwickelter Wertpapierleihe-Markt, mit einer Vielzahl von Anbietern (Lender) und Nachfragern (Borrower). Die Gebühren haben sich aufgrund des hohen Verleihpotentials auf einem niedrigen Niveau eingespielt.

Dem Wertpapierleihe-Geschäft mit internationalen Wertpapieren, derzeit geschätzt auf 100.000 Transaktionen täglich,[71] wird ein weiteres Wachstum vorausgesagt. Zum einen, weil Markthindernisse im Sinne der Group of Thirty weiter reduziert werden sollen, zum anderen weil Pensionsfonds seit kurzer Zeit nicht mehr einer Beschränkung unterliegen, die die Verleihe internationaler Wertpapiere aus den Depotbeständen unmöglich machte. Eine Gesetzesänderung des ERISA (Employee Retirement Income Securities Act), gestattet den Pensionsfonds die Nutzung eines international diversifizierten Portfolios für Verleihzwecke mit der Einschränkung, daß die Wertpapiere binnen fünf Tage zurückerlangt werden können. Man schätzt, daß dadurch ein neues Verleihpotential in Höhe von 250 Mrd. Dollar erschlossen wurde.[72]

Die Vorschriften des ERISA verlangen, daß der Entleiher ein Collateral in Form von US-Dollar, US-Staatspapieren oder Letter of Credit zu hinterlegen hat.

Amerikanische Depotbanken setzen sich dafür ein, daß diese Bestimmungen flexibler gestaltet werden. Man hat das zuständige Ministerium gebeten, die Settlement-Modalitäten und die Festlegung des zulässigen Collateral weiter zu fassen.

Eine einheitliche Bestimmung für die Verwendung von Cash Collaterals wurde 1985 vom Federal Financial Institutions Examination Council erlassen. Hiernach wird der Verleiher dazu verpflichtet, den Geldbetrag kurzfristig nutzbringend zu investieren. Dem Verleiher bieten sich mehrere Investitionsmöglichkeiten:

- die Verwendung für Repurchase Agreements,
- Master Notes,
- short term investment fund (STIF),
- Certificate of deposits (CD's),
- Commercial Papers,
- sowie andere Geldmarkt-Instrumente.

---

71 Vgl. Roman, Monica: Out of the shadow, in: Global Custodian, (New York), Sept. 1989, Seite 66.

72 Vgl. MacRae, Desmond: Would you lend securities to this man?, in: Global Custodian, a.a.O, März 1991, S. 93.

Der Verleiher, der aus den kurzfristigen Geldmarktanlagen Zinsen erhält, ist verpflichtet, an den Entleiher eine Ausgleichszahlung ("Rebate") zu leisten.

Beispiel:
Pensionsfond A verleiht für 2 Wochen japanische Aktien an das Brokerhaus B; Kurswert der Aktien 10.000.000 US-Dollar.Das Brokerhaus überläßt dem Fond einen Geldbetrag als Sicherheit (incl. Sicherheitszuschlag) von 11.000.000 US-Dollar. Der Betrag wird fristenkongruent zu 8% am Geldmarkt angelegt.

Nach Beendigung des Geschäfts leistet der Verleiher eine Rebate-Zahlung in Höhe von 5% des Geldanlagebetrages (bezogen auf den Anlagezeitraum), also 21.388,89 US-Dollar.
Die Leihgebühr für die Aktien bemißt sich daher auf 3,3% p.a. (bezogen auf den Kurswert).

Ein auf diese Weise abgewickeltes Securities Lending Geschäft unterscheidet sich wirtschaftlich nicht mehr von einem echten Wertpapierpensionsgeschäft.

Registrierte "Broker-Dealer" müssen bei der Verleihe von Wertpapieren eine weitere Regelung, die "Regulation T" beachten, in der die Zulässigkeit solcher Geschäfte von einer bestimmten Verwendung der Wertpapiere abhängig gemacht wird. Die Section 220.16 der Regulation T erlaubt das Ver- und Entleihen von Wertpapieren für Short Sales, zur Eindeckung bei "fail to receives" sowie für ähnlich gelagerte Fälle. Eine Verleihe ist eigentlich nur gegenüber anderen Broker-Dealern vorgesehen, wenngleich die Regulation Geschäfte mit Non-Broker-Dealern nicht ausdrücklich verbietet. Bei Geschäften mit anderen Adressen ist aber zu beachten, daß eine Bestätigung vom Entleiher eingeholt wird, in der dieser zusichert, daß die Wertpapiere für in der Regulation T definierte Zwecke verwendet werden. Keinesfalls dürfen die entliehenen Wertpapiere zur Abwicklung einer Transaktion innerhalb der USA verwendet werden, da dies Aufgabe eines Broker-Dealers wäre.

11.2. Großbritannien

Der britische Markt für Wertpapier-Leihegeschäfte ist einer der am stärksten reglementierten Märkte in Europa. Die Zulassung zum Handel für Securities Lending Geschäfte wird von der Bank von England erteilt. Gegenwärtig kann nur eine begrenzte Anzahl von Institutionen direkt am Handel teilnehmen (wahlweise als Principal oder Agent). Anfangs war dies nur der Gruppe der Money Broker[73] vorbehalten. Britische Depotbanken können bei strenger Auslegung der gültigen Regularien britische Staatsanleihen (gilts) nur dann verleihen, wenn dies der Erfüllung von Settlementzwecken dienlich ist. Anfang des Jahres gab es jedoch erste Schritte, einem erweiterten Kreis von Investoren den Marktzugang zu gestatten.

Von steuerlicher Seite existieren ebenfalls Hemmnisse, die einem weiteren schnellen Wachstum des Marktes entgegenstehen. Probleme gab es in Fällen, in denen der Entleiher Aktien über den Dividendentermin hinaus behalten hatte. Kompensationszahlungen des Entleihers an den Verleiher hat das Inland Revenue (die zuständige Finanzbehörde) bislang als einen Versuch der Steuervermeidung des Verleihers betrachtet. Bei "Manufactured Dividends" wurden dem Entleiher die Dividendeneinkünfte zugerechnet, die Rückgabe der Papiere wurde wie ein Verkauf betrachtet. Mittlerweile gab es aber auch hier Änderungen, die die bisherigen Probleme weitgehend beseitigt haben, und zwar gleichermaßen für inländische und ausländische Wertpapiere. Die Regel, daß ein Securities Lending Geschäft nicht mehr als drei Parteien umfassen darf, wenn auf eine steuerliche Belastung verzichtet werden soll, darf nun nicht mehr auf ausländische Wertpapiere angewendet werden. Üblicherweise sind an rein britischen Lendinggeschäften drei Adressen beteiligt, bei ausländischen Wertpapieren aber notwendigerweise oft mehrere.

Ein Kommittee, dem unter anderen auch Mitglieder der Group of Thirty angehören, hat die britischen Finanzbehörden nochmals daran erinnert, daß in den G30 Empfehlung die Beseitung aller regulativen und steuerlichen Beschränkungen vorgesehen ist.

73 Im Jahre 1990 waren zehn Money Broker zugelassen.

Trotz der geschilderten Erschwernisse hat sich der Markt für das Securities Lending hervorragend entwickelt. Etwa zur Zeit des Big Bang wurden die ersten Geschäfte abgeschlossen, Ende Oktober 1986 war bereits ein Volumen im Stock Lending von 2,2 Mrd.GBP erreicht, das bis auf 5,6 Mrd. GBP im Dezember 1990 angewachsen ist (Volumen ausstehender Geschäfte eines Tages).[74]

Der Erfolg des Computersystems SEAQ International hat außerdem dazu beigetragen, daß umfangreiche Geschäfte in ausländischen Wertpapieren abgewickelt werden. So werden mittlerweile 60% aller schwedischen und 40% aller französischen Stock Lending Geschäfte über London abgeschlossen. Sehr umfangreich sind auch die Lendinggeschäfte in japanischen Aktien. Bezogen auf den Gesamtanteil des britischen Stock Lending Volumens nimmt der Handel in japanischen Aktien - nach Schätzung von Marktteilnehmern - einen Anteil von 50% bis 60% ein.
Es sind vor allem die Londoner Niederlassungen amerikanischer Wertpapierhäuser, die einen großen Entleihbedarf an japanischen Aktien haben, da sie sich bestehende Preisdisparitäten zwischen japanischen Wertpapieren am Euromarkt und an der Tokyo Stock Exchange zunutze machen. Eine der typischen Arbitragetransaktionen besteht im Verkauf japanischer Aktien und gleichzeitigem Kauf von Anleihen.

Während die Geschäfte in der Vergangenheit noch in größerem Umfang der Erfüllung von Lieferverpflichtungen dienten, steht heute die Anwendung im Händlerbereich absolut im Vordergrund. Komplexe grenzüberschreitende Arbitragestrategien und der Handel in derivativen Produkten sind die Antriebskräfte im Marktgeschehen.

Die Gebühr, die ein Verleiher vereinnahmen kann, bewegt sich bei ausländischen Aktien auf einem Niveau von 2,25%, wobei etwa 0,25% an den Agent gehen. Lending-Geschäfte, die länger als einen Monat terminiert sind, bringen zwischen 1,5% bis 2% p.a.

---

74 Vgl. o.V.: Stock Lending for Liquidity, in: The Economist vom 8.6.1991, Seite 101.

Weitaus niedriger sind die erzielbaren Gebühreneinnahmen für britische Staatspapiere. Hier können etwa 0,30% bis 0,50% p.a. vereinnahmt werden, wovon aber etwa die Hälfte an den Agent geht.

11.3. Japan

Trotz anderslautender Bekundungen ist auch in Japan die Recommendation 8 der Group of Thirty bislang noch nicht in die Tat umgesetzt worden. Die Japan Securities Finance Corporation (JSFC) gestattet nur Mitgliedern der Tokyo Stock Exchange die direkte Teilnahme am Securities Lending. Leihen ausländische Broker über die JFSC Wertpapiere, dann müssen sie ein Collateral in Höhe von 120% hinterlegen, das zudem nicht verzinst wird. Japanischen Investoren ist eine Teilnahme am internationalen Securities Lending bislang verwehrt. Bei den Verleihgeschäften, die ihnen möglich sind, ist es generell so, daß eine Verleihe über das Record-Date hinaus nicht stattfindet.

Alldies hat dazu geführt, daß das Securities Lending Geschäft in japanischen Aktien in großem Umfang an ausländischen Börsenplätzen wie New York und London stattfindet.

Es gibt jedoch Bestrebungen, die eine Liberalisierung der gegenwärtigen Praxis vorsehen. Ist eine solche Liberalisierung erfolgt, so werden japanische Investoren mit ihren enormen Portefeuillebeständen das Angebot an verleihbaren Wertpapieren stark erweitern. Die derzeit noch hohen Gebührensätze von manchmal bis zu drei oder vier Prozent dürften dann deutlich sinken.

11.4. Niederlande

In den Niederlanden exisitert ein gut entwickelter Wertpapierleihe-Markt, wenngleich es in der Vergangenheit Probleme gab. Als 1965 eine kleine holländische Investmentbank ihre Pforten schließen mußte, und mehrere Investoren Verluste hinnehmen mußten, hat der Gesetzgeber das Depotverwahrgeschäft strikt von anderen Geschäftsbereichen getrennt. Seither dürfen nur bestimmte Institutionen sowie die zentrale Wertpapiersammelbank Wertpapiere für Kunden verwahren.

Verleiher von Wertpapieren erhalten ein Collateral, das in ein Sperrdepot eingebucht und täglich bewertet wird und das gegebenenfalls aufgestockt werden muß. Probleme hat es seitdem nicht mehr gegeben.

Von institutioneller Seite werden nur Wertpapiere mit einer großen Marktbreite verliehen.

Die zuständige Steuerbehörde klassifiziert Wertpapierleihe-Geschäfte als Darlehen und nicht als Verkauf. Etwa 2/3 aller Geschäfte werden in Aktien, der Rest in festverzinslichen Wertpapieren abgeschlossen.

Obwohl bereits seit zwölf Jahren eine Terminbörse in den Niederlanden existiert (die European Options Exchange), haben Arbitragegeschäfte zwischen dem Kassa- und dem Terminmarkt erst seit kurzem an Aktualität gewonnen. Der Boom setzte vor etwa zwei Jahren ein, als das Settlement auf T + 5 (Handelstag plus fünf Kalendertage) umgestellt wurde.

Die Gebühren für Leihegeschäfte über Aktien bewegen sich etwa zwischen 3% und 4,5%.

11.5. Schweiz

Die Wertpapierleihe war in der Schweiz bis Mai 1990 relativ bedeutungslos, da nur quellensteuerfreie Wertpapiergattungen in die Wertpapierleihe einbezogen waren. Die Eidgenössische Steuerverwaltung befürchtete, daß bei anfallenden Zins- oder Dividendenzahlungen der Quellensteuerbetrag sowohl vom Verleiher als auch vom Entleiher zurückgefordert werden könnte. Eine Änderung in der Gesetzgebung, die eine Adaption des angelsächsischen Systems der "manufactured dividend" zum Inhalt hatte, sorgte dafür, daß sich die Bedingungen für Wertpapierleihe-Geschäfte grundlegend veränderten. Die Steuerverwaltung brauchte nun nicht mehr das Risiko einer doppelten Quellensteuerrückforderung zu fürchten und ließ alle in- und ausländischen Wertpapiere für Leihegeschäfte zu. Die großen schweizerischen Banken haben prompt reagiert und bieten mittlerweile ihren Kunden Wertpapierleihe-Dienstleistungen an. Vorteilhaft für Kunden mit kleineren Depotbeständen ist beispielsweise das Angebot der Schweizerischen

Bankgesellschaft, die als Mindestgröße für eine Wertpapiergattung nur 50.000 sfr festlegt.

Ein Verleiher kann für Aktien eine Gebühr zwischen 1% und 2% und für Renten eine Gebühr zwischen 0,375% und 1% p.a. vereinnahmen.[75]

75 Nach Angaben der Schweizerischen Bankgesellschaft in Zürich.

12. ZUSAMMENFASSUNG

Weitreichende Veränderungen auf den internationalen Finanz- und Kapitalmärkten haben ein Erfordernis für das Produkt Wertpapierleihe geschaffen:

- Die Liberalisierung und Deregulierung der Märkte brachte es mit sich, daß Anlagekapitalien in bisher nicht gekanntem Umfang grenzüberschreitende Transfers auslösten. Wegen des Fortbestands unterschiedlicher Abwicklungspraktiken in den nationalen Märkten kam es vor allem bei der globalen Abwicklung der Wertpapiergeschäfte zu einer hohen Fehlbelieferungsquote. Der Einsatz der Wertpapierleihe ist zur Reduzierung von Fehlbelieferungen sinnvoll und hilft hohe Kosten, die ein Verzug verursacht, zu vermeiden.

- Die gestiegene Volatilität an den Finanzmärkten und das daraus resultierende Bedürfnis der Investoren nach geeigneten Instrumenten der Risikobegrenzung hat dazu geführt, daß eine neue Palette von Finanzprodukten kreiert wurde, die Zinsänderungs-, Kurs- und Währungsrisiken steuerbar machten. Der Handel in Termingeschäften wie Optionen und Financial-Futures erfordert aber gleichzeitig, daß eine Liquidität für das zugrundeliegende Kassainstrument gegeben ist. Im Zusammenhang hiermit ergibt sich die Notwendigkeit, Short-Positionen in Aktien und/oder Anleihen eröffnen und schließen zu können.

- Market Maker, die von ihrer Funktion her verpflichtet sind, für liquide Märkte zu sorgen, kommen ohne einen Wertpapierleihe-Service nicht aus. So wie Finanzinnovationen zu einem willkommenen Beiprodukt des Kassamarktes wurden, so wurde die Wertpapierleihe wiederum zu einem wichtigen Beiprodukt der Finanzinnovationen.

- Eine funktionale Verbindung zwischen dem Kassa- und dem Terminmarkt wird durch eine Form der Arbitragegeschäfte hergestellt. Diese neuere Form der Arbitrage, die die klassische Arbitrage in ihrer Bedeutung längst überholt hat, sorgt für notwendige Preisanpassungen und für die Liquidität der Terminmärkte. Zur Durchführung solcher Geschäfte muß der Arbitrageur die Möglichkeit zu Leerverkäufen haben. Er bewerkstelligt dies, indem er sich Wertpapiere leiht und im Kassamarkt verkauft.

Für die befristete Überlassung von Wertpapieren zahlt der Entleiher dem Verleiher ein Entgelt, das zwischen 0,3% bis 3,0% p.a. schwanken kann. Die systematische Anwendung der Leihe erlaubt einem Investor die weitgehend risikoarme Erhöhung seiner Portefeuillerendite.

Nach Angaben der Schweizerischen Bankgesellschaft kann ein Verleiher auf verschiedenen internationalen Märkten folgende Gebühren vereinnahmen.

Tabelle 4: Erzielbare Gebührensätze für Verleiher auf internationalen WPL-Märkten

Land	**Aktien**	**Anleihen**
Deutschland	0,750% - 1,750%	0,375% - 0,625%
Schweiz	1,000 - 2,000%	0,375% - 1,000%
Frankreich	0,750% - 1,500%	0,375% - 0,500%
Niederlande	0,750% - 1,375%	0,375% - 0,500%
Schweden	1,250% - 2,000%	
Australien	1,000% - 1,500%	
Japan	0,750% - 1,375%	0,375% - 0,625%
USA	0,125% - 0,375%	0,125% - 0,250%
Euromarkt		0,500% - 2,750%

Quelle: Schweizerische Bankgesellschaft, Zürich

Die vielfältigen Einsatzmöglichkeiten der Wertpapierleihe sind in Abbildung 16 dargestellt.

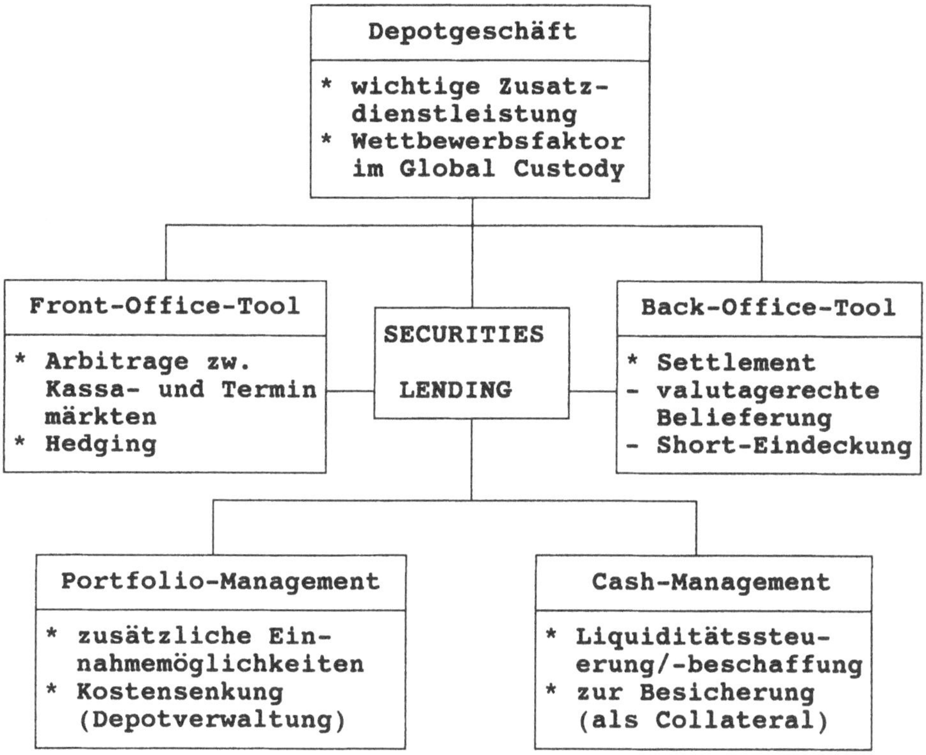

Abbildung 16: Die vielfältigen Einsatzmöglichkeiten der Wertpapierleihe

Juristisch sind Wertpapierleihe-Geschäfte Darlehensverträge über eine Sache, nämlich die dem Geschäft zugrundeliegenden Wertpapiere. Der Entleiher, der für die Laufzeit des Darlehens voller wirtschaftlicher und rechtlicher Eigentümer wird, ist zur Rückgabe von Stücken gleicher Art und Güte verpflichtet. Erträge aus entliehenen Wertpapieren, die während der Laufzeit eines Leihgeschäfte an den Entleiher ausgeschüttet werden, werden, so sehen es die üblichen Verträge vor, an den Verleiher weitergezahlt.

Wertpapierleihe-Geschäfte können im Rahmen des Principal-Modells oder des Agent-Modells zustandekommen. Das Principal-Modell sieht vor, daß der Verleiher und der Entleiher direkte Vertragspartner werden. Das Ausfallrisiko ist daher auch immer vom Verleiher zu tragen.

Beim Agent-Modell kommt es zur Zwischenschaltung eines Vermittlers, der die Abwicklung und Überwachung der Geschäfte in Form einer Dienstleistung erbringt. Bestandteil der Dienstleistung ist häufig auch die Übernahme des Ausfallrisikos, das der Agent für sich selbst durch wohlbemessene Sicherheitsanforderungen an den Entleiher nahezu vollständig eliminiert.

Die Funktion des Agent zu übernehmen bietet sich idealerweise für Depotbanken an. Auch Wertpapiersammelbanken und große Clearingorganisationen offerieren einen Wertpapierleihe-Service und zwar in einer institutionalisierten Form. Als zusätzliche Dienstleistung des Global Custody Service, der Verwaltung global diversifizierte Investments, kommt der Wertpapierleihe künftig eine wachsende Bedeutung zu.

Fragen zur bilanziellen und buchhalterischen Behandlung von Wertpapierleihe-Geschäften sind, ähnlich wie bei anderen Finanzinnovationen, teilweise noch ungelöst. Für deutsche Wertpapierleihe-Geschäfte sind grundsätzlich die GoB maßgebend. Wegen des befristeten Eigentumsübergangs der Wertpapiere scheiden diese aus dem Vermögen des Verleihers aus und sind dem Vermögen des Entleihers zuzurechnen. Der Verleiher aktiviert - als Surrogat - eine Sachwertforderung, der Entleiher umgekehrt eine Sachwertverbindlichkeit. Der Tatbestand einer Gewinnrealisierung ist nicht gegeben, da die Wertpapiere nicht endgültig übertragen werden sollen.

Die Abwicklung der Geschäfte erfolgt üblicherweise nach Abschluß eines Rahmenvertrages, der die für das später folgende Einzelgeschäft geltenden Modalitäten regelt. Der Verleiher veranlaßt den Übertrag der Wertpapiere zu Lasten des eigenen und zu Gunsten des Entleiherdepots. Von Fall zu Fall kann dabei die gleichzeitige Hingabe einer Sicherheit in Form von Geld, Wertpapieren oder einer Bankgarantie vereinbart werden.

Wertpapierpensionsgeschäfte sind vom Standpunkt der wirtschaftlichen Betrachtungsweise den Wertpapierleihe-Geschäften sehr ähnlich. Rechtlich handelt es sich beim Pensionsgeschäft aber - nach herrschender Auffassung - um zwei Kaufverträge, die, soweit es sich um ein echtes Pensionsgeschäft handelt, eine Rückkaufverpflichtung des Pensionsgebers beinhalten. Bei unechten Pensionsgeschäften hat der Pensionsnehmer das Recht, die Stücke zurückzuübereignen.

Während der zurückliegenden fünf Jahre haben sich in verschiedenen Ländern Märkte für Wertpapierleihe-Geschäfte entwickelt. Die Märkte in den Vereinigten Staaten und in Großbritannien haben vom Volumen her die größte Bedeutung erlangt. In diesen Ländern werden auch umfangreiche Geschäfte in internationalen Wertpapieren getätigt. Mehr oder minder stark ausgeprägte Reglementierungen in verschiedenen Staaten verhindern aber noch die vollständige Nutzung des Instruments der Wertpapierleihe. Diese Beschränkungen werden aber in den nächsten Jahren weiter verringert, so daß eine größere Zahl potentieller Verleiher und Entleiher am Handel teilnehmen können. Es ist daher absehbar, daß der Umfang von Wertpapierleihe-Geschäften noch spürbar zunehmen wird.

13. KÜNFTIGE ENTWICKLUNG

Bei der künftigen Entwicklung der Märkte für Wertpapierleihe ist absehbar, daß die Zahl der Verleiher und damit auch das Verleihvolumen steigen wird. Dafür gibt es im wesentlichen drei Gründe:

1. Begonnene Liberalisierungs- und Deregulierungsmaßnahmen werden weiter fortgesetzt und erschließen Investoren und Kapitalsammelstellen Zugang zu neuen Anlageformen.

So forderte erst unlängst der Vorstandssprecher des Bundesverbandes Deutscher Investmentgesellschaften (BVI), Dr. Ernst Bracker auf der Mitgliederversammlung des BVI, daß den deutschen Fonds die Nutzung des Instrument der Wertpapierleihe gestattet werden solle. Gegenwärtig verwalten die 58 Kapitalanlagegesellschaften deutschen Rechts 314 Publikumsfonds mit einem Fondvermögen von 132 Mrd. DM und 1730 Spezialfonds mit 127 Mrd. DM Vermögen.)

2. Die kommende Generation der Porfolio Manager wird mit dem Einsatz von Finanzinnovationen vertraut sein und deren vielfältigen Möglichkeiten entsprechend ausschöpfen. Einfache Buy- and Hold-Strategien werden dann der Vergangenheit angehören.

3. Der Zuwachs anlagesuchender Gelder wird anhalten. Pensionskassen, Lebensversicherungen und andere Kapitalsammelstellen werden immer größere Beträge für Vorsorgezwecke ihrer Kunden hereinnehmen und große Teile davon in Wertpapieren anlegen. Wenn nahezu risikolose Möglichkeiten einer Renditesteigerung gegeben sind - wie dies bei der Wertpapierleihe der Fall ist -, wird man diese Möglichkeiten auch nutzen.

Auf der Entleiherseite wird es zwei unterschiedliche Entwicklungen geben. Bedingt durch die fortschreitende Automatisierung und Terminalisierung der Abwicklung von Wertpapiergeschäften wird der Bedarf für die Wertpapierleihe von der Back Office Seite zurückgehen. Beschleunigt wird diese Entwicklung in dem

Maße, indem auch international oder zumindest EG-weit, eine Harmonisierung der Abwicklungsusancen erfolgt.

Insgesamt wird die Nachfrage nach Entleihmöglichkeiten für Wertpapiere jedoch weiter erheblich steigen, da derivative Produkte vermehrt zum Einsatz kommen werden. Dies gilt ebenfalls für Arbitragegeschäfte und hier inbesondere für jene, die auf die Ausnutzung von Preisunterschieden zwischen Kassa- und Terminmarkt abzielen. Termin- und Aribtragegeschäfte sind ohne eine funktionierende Wertpapierleihe nicht denkbar.

Da die Zahl der Verleiher von Wertpapieren langfristig stärker wachsen wird als die der Entleiher, werden sich die erzielbaren Gebühren für Leihegeschäfte tendenziell reduzieren.

Nach Einschätzung der Financial Times sind für das Stock-Lending weltweit folgende Zahlen zu erwarten:

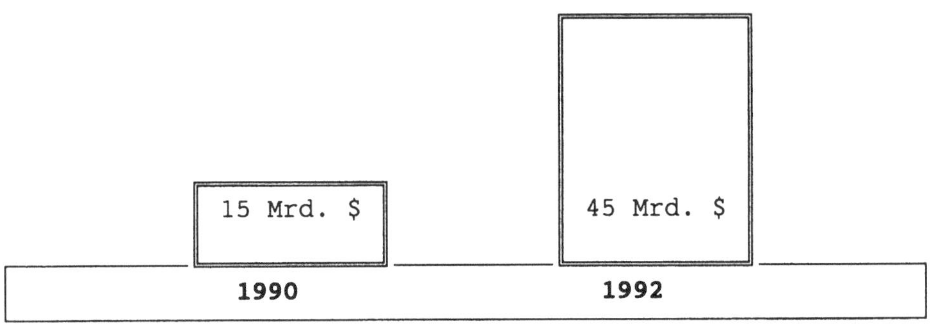

Quelle: Financial Times

Abbildung 17: Geschätztes Volumen an Stock-Lending Geschäften (weltweit; in Milliarden US-Dollar)

Die Zahlen repräsentieren das an einem Tag ausstehende Volumen an Lendinggeschäften (schwebende Geschäfte). Innerhalb von nur zwei Jahren würde sich hiernach eine Verdreifachung des Stock-Lending ergeben.

Die Gebühreneinnahmen aus Stock-Lending wird wie folgt prognostiziert:

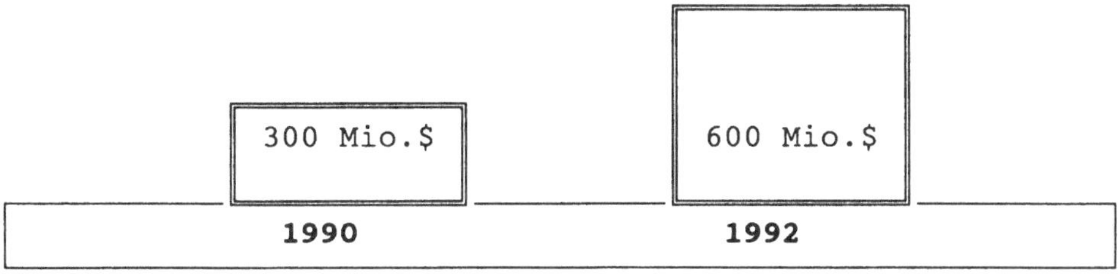

Quelle: Financial Times

Abbildung 18: Geschätzte Gebühren für Stock-Lending Geschäfte (weltweit; auf Tagesbasis)

Der Prognose zufolge würden für Stock-Lending im Jahre 1992 an einen Tag Gebühren in Höhe von 600 Millionen US-Dollar vereinnahmt, was einer Verdoppelung gegenüber 1990 entspräche.

Noch beeindruckender hat sich der internationale Repomarkt entwickelt, dessen Volumen sich in den vergangenen zwei Jahren verzehnfacht hat.[76] Auch hier wird man erwarten können, daß die Einsatzmöglichkeiten von Repos in zunehmendem Umfang von einer Vielzahl neuer Marktteilnehmer genutzt werden.

76 Vgl. o.V.: Repos: The 50 billion $ Secret, in: Euromoney vom Juni 1991.

ANHANG 1: GLOSSAR

Agent	Person oder Institution, welche im Auftrag Dritter handelt
Arbitrage	beinhaltet die Erzielung von (in der Regel) risikolosen Gewinnen durch Ausnutzung vergleichbarer Kursunterschiede
Automatic Lending	Eine Form der Bereitstellung verleihbarer Wertpapiere, bei der der Entleiher "automatisch", d.h. bei Bedarf jederzeit bestimmte Wertpapiere entleihen kann
Back-Office	Abteilungsbereich einer Bank, der mit der Abwicklung von Wertpapiergeschäften befaßt ist
Base-Fee	Grundgebühr, die ihm Rahmen des Automatic Lending einem Verleiher für die Bereitstellung bestimmter Wertpapiere gezahlt wird (nutzungsunabhängige Gebühr)
Basis	Differenz zwischen dem Futures-Kurs und dem des zugrundeliegenden Kassainstruments
Basispunkt	Ein Basispunkt (BP) sind 0,01%
Bid/Ask	Geld- und Briefkurse für ein Finanzinstrument
Cash and Carry Arbitrage	Form der Arbitrage zwischen einem Kassa- und einem Terminmarktinstrument (Basisarbitrage)
Cash-Settlement	Erfüllung eines Termingeschäfts durch Barausgleich
Clearinghaus	Organisation, welche die Abrechnung und Verrechnung von Wertpapiergeschäften ausführt
Collateral	Sicherheitsleistung, welche üblicherweise aus Geld, Wertpapieren oder einer Bankgarantie besteht
Corporate Actions	Unter diesem Begriff werden alle Firmenmaßnahmen börsennotierter Gesellschaften subsumiert, die von einer Depotbank für den Kunden in Dienstleistung bearbeitet werden (Zins- und Dividendenzahlungen, HV-Termine, Bezugsrechtshandel, Kapitalveränderungen, usw.)
Euromethode	Methode der Zinskalkulation, bei der die genaue Anzahl von Kalendertagen errechnet und auf den Zinsdivisor 360 bezogen wird; (365/360)
fail to deliver	Versäumnis eines aus einem Wertpapiergeschäft Verpflichteten, die Wertpapiere termingemäß zu liefern

fail to receive	Der aus einem Wertpapiergeschäft Berechtigte kann die Wertpapiere nicht erhalten, da sein Kontrahent nicht erfüllt hat
Front-Office	Handelsabteilung einer Bank
Financial Futures	beinhalten die vertragliche Vereinbarung, eine standardisierte Menge eines bestimmten Finanzinstruments zu einem im voraus ausgehandelten Kurs an einem späteren, standardisierten Erfüllungstag zu kaufen oder zu verkaufen
G30	Group of Thirty. Internationale Fachkommission, die Verbesserungen für die Abwicklung und das Clearing von Wertpapiergeschäften empfohlen hat
Global Custody Service	Service, bei dem die zu einem international diversifizierten Wertpapier-Portefeuille gehörenden Wertpapiere eines Investors von einer global operierenden Depotbank verwahrt werden
Hair-Cut	In Prozent bemessener Sicherheitsabschlag auf verpensionierte Wertpapiere. Um den entsprechenden Betrag wird die Geldzahlung des Pensionsnehmers an den Pensionsgeber gekürzt.
Hedging	Abschluß eines Sicherungsgeschäfts, das risikomäßig dem Grundgeschäft entgegensteht, so daß eine Risikokompensation oder -begrenzung stattfindet
in the money-Optionen	Eine Option auf ein Finanzmarktinstrument, deren Basispreis unter dem Börsenkurs liegt, sofern es sich um eine Kaufoption handelt und deren Basispreis über dem Börsenkurs liegt, wenn es sich um eine Verkaufsoption handelt
Leerverkauf	Verkauf von Wertpapieren, die der Verkäufer sich geliehen hat
Long-Position	Person oder Institution, welche eine Kaufposition in einem Wertpapier aufrechterhält
Market Maker	Börsenmitglied, das auf eigene Rechnung handelt und verpflichtet ist, verbindliche Geld- und Briefkurse zu stellen
Matched Book	Form des Repo-Trading, bei der der Händler ein Gegengeschäft mit fristenkongruenter Laufzeit abschließt
Mismatched Book	Form des Repo-Trading, bei der der Händler Zinsänderungen durch Abschluß fristeninkongruenter Gegengeschäfte antizipiert

Opportunity Lending	Gelegentlicher Abschluß von Leihgeschäften bei dem der Verleiher keine systematische Nutzung eines Wertpapierdepots anstrebt
Pool	Nach Wertpapiergattung zusammengefaßter Wertpapierbestand von Verleihern
Principal	Form der Vertragsbeziehung bei Wertpapierleihe-Geschäften, bei der der Verleiher und der Entleiher direkte Vertragspartner werden
Rebate	Ausgleichszahlung des Verleihers an den Entleiher für Zinseinnahmen, die der Verleiher aus der Anlage eines Cash-Collateral erlangt hat
Record Date	Der Stichtag, an dem man Eigentümer der Wertpapiere sein muß, um dividendenberechtigt zu sein
Repo	Kurzform für Repurchase Agreement, der englischen Bezeichnung für Wertpapierpensionsgeschäfte
Repo-Rate	Finanzierungszinssatz bei Geldaufnahme durch ein Wertpapierpensionsgeschäft
Reverse Repo	Die Umkehrung zum Repogeschäft, bei dem der Pensionsgeber zuerst den Verkauf und später den Rückkauf tätigt, ist das Reverse Repo. Es ist das Repogeschäft aus der Sicht des Pensionsnehmers (zuerst Kauf, später der Verkauf)
Securitisation	Verbriefung von Forderungs- und Beteiligungsrechten
Settlement	Alle Maßnahmen, die der Erfüllung (Abwicklung, Regulierung) eines Wertpapiergeschäfts dienen
Short-Position	Person oder Institution, welche eine Verkaufsposition in einem Wertpapier aufrechterhält
Usage Fee	Nutzungsabhängige Gebühr, die einem Verleiher für Geschäfte im Rahmen des Automatic Lending gezahlt wird
Variation Margin	Nachschuß; Betrag welcher dem der Käufer bzw. der Verkäufer für das Halten einer Futuresposition abgerechnet wird. Je nach Kursentwicklung des Futures wird die tägliche Betragsänderung gutgeschrieben oder belastet
Volatilität	Schwankungsbreite von Wertpapierkursen

ANHANG 2: MUSTERVERTRAG FÜR WERTPAPIERLEIHE

RAHMENVERTRAG

FÜR

WERTPAPIERDARLEHEN

zwischen ....
....
....

(nachstehend "Darlehensgeberin" genannt)

und ....
....
....

(nachstehend "Darlehensnehmerin" genannt)

Die Darlehensgeberin ist bereit, der Darlehensnehmerin nach Vereinbarung im Einzelfall von Zeit zu Zeit Wertpapiere darlehensweise gegen Zahlung von Entgelt zu überlassen. Dieser Rahmenvertrag enthält die allgemeinen Bedingungen, die für ein einzelnes Wertpapier-Darlehen anzuwenden sind.

1. Gegenstand von Wertpapierdarlehen

Gegenstand von Wertpapier-Darlehen können sein:

a) auf Deutsche Mark lautende verzinsliche Schuldverschreibungen (Schuldbuchforderungen) der Bundesrepublik Deutschland, der Deutschen Bundesbahn und der Deutschen Bundespost,

b) auf Deutsche Mark lautende verzinsliche Schuldverschreibungen anderer Emittenten, auf die sich die Parteien verständigt haben,

c) Aktien von in der Bundesrepublik ansässigen Gesellschaften, auf die sich die Parteien verständigt haben, die zum Handel und zur amtlichen Notierung an einer deutschen Wertpapierbörse zugelassen und in den Effektengiroverkehr der Deutschen Kassenverein AG einbezogen sind.

2. Bestätigung und Inhalt von Darlehen

2.1. Haben sich die Parteien auf den Abschluß eines Darlehens geeinigt, so hat die Darlehensnehmerin die Konditionen des Darlehens und die Einzelheiten der von der Darlehensnehmerin zu stellenden Sicherheiten der Darlehensgeberin zu bestätigen (die"Bestätigung"). Die Bestätigung kann mittels Brief, Telex oder Telefax erteilt werden und bestimmt u.a. die Wertpapiere nach Art und Betrag, die Gegenstand des Darlehens sind ("Darlehenspapiere"), den Tag, an dem die Darlehensgeberin die Darlehenspapiere der Darlehensnehmerin zu liefern hat ("Valutierungstag") sowie die von der Darlehensnehmerin zu stellenden Sicherheiten ("Sicherheiten"). Die Bestätigung soll im wesentlichen dem in Anhang 1 enthaltenen Muster entsprechen. Sofern die Darlehensgeberin nicht unverzüglich dem Inhalt der Bestätigung widerspricht, sind die in der Bestätigung aufgeführten Konditionen maßgeblich und verbindlich.

2.2. Jedes nach Absatz 2.1. zustande gekommene Geschäft begründet zwischen den Parteien einen Darlehensvertrag zu den in der Bestätigung genannten Konditionen. Die Verpflichtung der Darlehensnehmerin zur Rückübertragung der Darlehenspapiere bezieht sich auf Wertpapiere ein und derselben Art wie die von der Darlehensgeberin zur Verfügung gestellten Wertpapiere; das Risiko des rechtlichen Bestandes der Wertpapiere und der Bonität der Emittentin der Wertpapiere trägt die Darlehensgeberin.

2.3. Die Bestimmungen der Bestätigung gehen den Bestimmungen dieses Vertrages vor.

3. Lieferung der Darlehenspapiere; Eigentumsübergang

3.1. Die Darlehensgeberin wird der Darlehensnehmerin die Darlehenspapiere am Valutierungstag in der Weise liefern, daß sie die Darlehenspapiere auf dem von der Darlehensnehmerin benannten Wertpapierkonto anschafft.

3.2. Die Parteien sind sich darüber einig, daß das Eigentum an den Darlehenspapieren erst mit vollständiger Bestellung der Sicherheiten auf die Darlehensnehmerin übergeht.

3.3. Die Darlehensnehmerin darf über die Darlehenspapiere erst nach vollständiger Bestellung der Sicherheiten verfügen.

4. Verfügungsbefugnis

Unbeschadet der Verpflichtung der Darlehensnehmerin zur Rückübertragung der Darlehenspapiere und vorbehaltlich der Bestimmungen in 3.2. und 3.3. erwirbt die Darlehensnehmerin mit der jeweiligen Lieferung der Darlehenspapiere unbeschränktes Eigentum an den Darlehenspapieren und die uneingeschränkte Befugnis, über die Darlehenspapiere frei zu verfügen.

5. Sicherheitsleistung

5.1. Die Darlehensnehmerin hat der Darlehensgeberin Zug um Zug gegen Lieferung der Darlehenspapiere gemäß 4.1. Sicherheiten in der in der Bestätigung bestimmten Höhe ("Sicherungsbetrag") zu bestellen. Maßgeblich für die zu bestellenden Sicherheiten sind die Bestimmungen der Bestätigung, soweit die Parteien nachträglich keine andere Vereinbarung getroffen haben. Als Sicherheiten dienen Wertpapiere ("Wertpapiersicherheiten"). Diese sind in ein Depot für Wertpapiersicherheiten der Darlehensnehmerin bei der Darlehensgeberin zu liefern. Die Darlehensnehmerin hat der Darlehensgeberin gleichzeitig mit der Lieferung der Wertpapiere eine Eigenanzeige gemäß § 4 Abs. 2 Depotgesetz, die im wesentlichen dem als Anhang 2 beigefügten Muster entsprechen soll, zu übermitteln, es sei denn, daß die Wertpapiersicherheiten aus einem bestehenden Depot der Darlehensnehmerin (Depot A) bei der Darlehensgeberin in das Depot für Wertpapiersicherheiten bei der Darlehensgeberin übertragen werden.

5.2. Soweit die Bestätigung nichts anderes bestimmt, können als Wertpapiersicherheiten nur Schuldverschreibungen hereingenommen werden, welche von der Bundesbank als lombardfähige Wertpapiere (§ 19 Abs.1 Nr.3) anerkannt werden.

5.3. Zur Bestimmung des Sicherungsbetrages sind Wertpapiersicherheiten mit ihrem jeweiligen Marktwert zugrunde zu legen.

5.4. Die Darlehensnehmerin ist berechtigt, bestellte Sicherheiten von Zeit zu Zeit durch andere Sicherheiten gemäß den Bestimmungen dieses Vertrages und der Bestätigung zu ersetzen.

6. Anpassung der Sicherheiten

Beträgt zum Ende eines Geschäftstages die Summe sämtlicher von der Darlehensnehmerin zur Sicherung aller ausstehenden Darlehen bestellten Sicherheiten weniger als 100% des Sicherungsbetrages, so hat die Darlehensnehmerin auf Verlangen der Darlehensgeberin die bestehenden Sicherheiten vor Ende des auf den Zugang des Verlangens folgenden Geschäftstages auf mindestens den Sicherungsbetrag zu erhöhen. Beträgt zum Ende eines Geschäftstages die Summe sämtlicher von der Darlehensnehmerin zur Sicherung aller ausstehenden Darlehen bestellten Sicherheiten mehr als 105% des Sicherungsbetrages, so hat die Darlehensgeberin auf Verlangen der Darlehensnehmerin vor Ende des auf den Zugang des Verlangens folgenden Geschäftstages Sicherheiten in Höhe des den Sicherungsbetrag übersteigenden Betrages freizugeben.

7. Verpfändung

7.1. Die Darlehensnehmerin verpfändet hiermit der Darlehensgeberin sämtliche Wertpapiere, die gegenwärtig oder zukünftig als Wertpapiersicherheiten dienen sollen, insbesondere sämtliche Wertpapiere, die zu irgendeiner Zeit auf dem Depot für Wertpapiersicherheiten der Darlehensnehmerin bei der Darlehensgeberin verbucht sind, sowie sämtliche gegenwärtigen und zukünftigen - unbedingt oder bedingten, auch befristeten - Rechte und Ansprüche der Darlehensnehmerin, die sich auf die verpfändeten Wertpapiere beziehen. Die Verpfändung erfolgt zur Sicherung sämtlicher gegenwärtiger und zukünftiger Rechte und Ansprüche der Darlehensgeberin an die Darlehensnehmerin.

7.2. Dieser Vertrag und die Darlehen berühren nicht etwaige Sicherheiten, die im Rahmen anderer Rechtsverhältnisse zwischen den Parteien aufgrund Gesetzes, allgemeiner Geschäftsbedingungen oder in sonstiger Weise begründet sein mögen, und zwar auch dann nicht, wenn derartige Sicherheiten an Gegenständen bestehen, die als Sicherheiten für Darlehen nach diesem Vertrag dienen.

8. Darlehensgebühren

8.1. Die Darlehensnehmerin zahlt der Darlehensgeberin für jedes Einzelgeschäft eine Darlehensgebühr ("Darlehensgebühr") in Höhe des in der Bestätigung benannten Prozentsatzes per annum, bezogen auf:

a) den Kapitalbetrag der Darlehenspapiere (bei Schuldverschreibungen),

b) den Marktpreis der Darlehenspapiere am Handelstag (bei Aktien),

und zwar für die Zeit vom Valutierungstag (einschließlich) bis zu dem Geschäftstag (ausschließlich), der auf den Tag folgt, an dem die Darlehenspapiere an die Darlehensgeberin zurückgeliefert worden sind.

8.2. Die Darlehensgebühren werden nach der Euromethode ("365/360") berechnet, d.h. es wird die Anzahl der tatsächlich abgelaufenen Tage des Zeitraums, für die die Darlehensgebühren zu berechnen sind, ermittelt und durch die Zahl 360 dividiert.

8.3. Die Darlehensgebühren sind am Rückgabetag zur Zahlung fällig.

9. Erträge auf Darlehenspapieren

9.1. Sind die Darlehenspapiere Schuldverschreibungen, so stehen der Darlehensgeberin sämtliche Zinszahlungen auf die Darlehenspapiere zu. Die Darlehensnehmerin hat erhaltene Zinszahlungen mit Wertstellung zum Tag des Erhalts an die Darlehensgeberin weiterzuzahlen.

9.2. Sind die Zinszahlungen durch Abzug oder Einbehalt von Steuern und sonstigen Abgaben gemindert worden, so hat die Darlehensnehmerin der Darlehensgeberin zusätzlich zu der erhaltenen Zinszahlung einen solchen Betrag zusammen mit der Zinszahlung gemäß Ziffer 9.1. zu zahlen, so daß die Darlehensgeberin die Zinsen ungekürzt erhält.

9.3. Sind die Darlehenspapiere Aktien, so stehen sämtliche auf sie geleisteten Barausschüttungen (Bardividenden oder Barzahlungen im Falle von Kapitalherabsetzungen) in Höhe der geleisteten Barausschüttung zuzüglich des

Betrages der einbehaltenen Kapitalertragsteuer der Darlehensgeberin zu. Darüber hinaus erhält die Darlehensgeberin einen Betrag in Höhe des Betrages der Körperschaftsteuergutschrift. Die Darlehensnehmerin hat die erhaltene Barausschüttung zuzüglich des Betrages der Körperschaftsteuergutschrift mit Wertstellung zum Tage des Erhalts der Barausschüttung an die Darlehensgeberin zu zahlen.

9.4. Gratisaktien, die während der Laufzeit eines Darlehens auf die Darlehenspapiere begeben werden, werden Gegenstand des betreffenden Darlehens und sind von der Darlehensnehmerin am Rückgabetag an die Darlehensgeberin zu liefern. Für etwaige andere Ausschüttungen, die nicht in Form von Barzahlungen geleistet werden, ist in gleicher Weise zu verfahren.

9.5. Sofern die Emittentin der Darlehenspapiere, wenn diese Aktien sind, während der Laufzeit des Darlehens selbst Wertpapiere begibt, die einem unmittelbaren oder mittelbaren Bezugsrecht der Aktionäre unterliegen, so hat die Darlehensnehmerin der Darlehensgeberin am dritten Tag des Bezugsrechtshandels die Anzahl der Bezugsrechte zu liefern, die auf die Darlehenspapiere entfallen.

10. Kündigung und Rücklieferung

10.1. Das Darlehen wird auf eine unbestimmte oder bestimmte Zeit abgeschlossen. Wenn eine unbestimmte Zeit abgeschlossen ist, kann es gekündigt werden:

a) durch die Darlehensgeberin mit einer Kündigungsfrist von 10 Tagen jederzeit durch Erklärung per Telex oder Telefax, in der der Rückgabetag bestimmt sein muß,

b) oder durch die Darlehensnehmerin jederzeit durch Erklärung per Telex oder Telefax, in der der Rückgabetag bestimmt sein muß und die der Darlehensgeberin spätestens bis 15 Uhr des dem Rückgabetag vorhergehenden Geschäftstages zugegangen sein muß.

Der Rückgabetag muß ein Geschäftstag sein.

10.2. Die Darlehensnehmerin hat die Darlehenspapiere am Rückgabetag auf das von der Darlehensgeberin benannte Konto zurückzuliefern.

10.3. Sofern bei Rücklieferung der Darlehenspapiere keine weiteren Darlehen ausstehen, hat die Darlehensgeberin Zug um Zug die Wertpapiere, die Gegenstand der Wertpapiersicherheiten sind, an die Darlehensnehmerin zurückzuliefern. Sofern bei Rücklieferung der Darlehenspapiere weitere Darlehen ausstehen, ist gemäß Ziffer 6. zu bestimmen, ob und in welchem Umfang die Darlehensgeberin Sicherheiten freizugeben hat.

10.4. Werden Wertpapiere der Art der Darlehenspapiere Gegenstand eines öffentlichen Übernahme- oder Abfindungsangebots, so hat die Darlehensnehmerin der Darlehensgeberin die Darlehenspapiere spätestens an dem dritten Geschäftstag, der auf die Veröffentlichung des Angebots und der Wiederaufnahme des amtlichen Handels folgt, zurückzuliefern.

11. Zahlungen

Sämtliche im Rahmen dieses Vertrages von einer Partei zu erbringenden Zahlungen sind am Fälligkeitstag in Deutscher Mark kostenfrei und ohne jeglichen Abzug an die andere Partei auf ein von ihr benanntes Konto zu leisten.

12. Zusicherungen

Die Parteien sichern sich gegenseitig zu, daß die im Rahmen dieses Vertrages gelieferten Wertpapiere und die darin verbrieften Rechte bei Lieferung oder Rücklieferung frei von irgendwelchen Rechten Dritter sind.

13. Verzug

13.1. Im Falle des Verzuges der Darlehensnehmerin ist die Darlehensgeberin unbeschadet aller ihrer sonstigen gesetzlichen oder vertraglichen Rechte berechtigt, nach vorheriger Ankündigung mit einer Frist von mindestens einem Geschäftstag eine entsprechende Anzahl Darlehenspapiere zu kaufen und die Sicherheiten ohne gerichtliches Verfahren jederzeit auf einmal oder nacheinander zu verwerten. Die Verwertung erfolgt durch freihändigen Verkauf der Wertpapiere an einer deutschen Wertpapierbörse. Die Darlehensnehmerin kann nicht geltend machen, daß durch eine Verwertung der Sicherheiten an anderem Ort oder zu anderer Zeit ein höherer Erlös hätte erzielt werden können.

13.2. Die Verpflichtung der Darlehensnehmerin zur Rückgabe der Darlehenspapiere entfällt, soweit die Darlehensgeberin gemäß Ziffer 13.1. Darlehenspapiere gekauft hat.

13.3. Die Darlehensgeberin wird den Erlös aus der Verwertung der Sicherheiten nach Abzug ihrer eigenen Kosten und Auslagen sowie anfallender Gebühren, Steuern und sonstiger Abgaben auf den Preis für den Kauf der Darlehenspapiere gemäß Ziffer 13.1. (incl. aller Provisionen, Maklergebühren und sonstiger mit dem Kauf zusammenhängenden Aufwendungen) und auf die anderen Verpflichtungen der Darlehensnehmerin aus den Darlehen und diesem Vertrag verwenden.

13.4. Liegt der Erlös unter der Summe aus Kaufpreis und den Verpflichtungen der Darlehensnehmerin, so schuldet die Darlehensnehmerin der Darlehensgeberin den Differenzbetrag zuzüglich Zinsen in Höhe des Tagesgeldsatzes unter Banken.

13.5. Die nach Befriedigung sämtlicher Forderungen der Darlehensgeberin verbleibenden Sicherheiten bzw. den danach etwa verbleibenden Erlös aus der Verwertung der Sicherheiten hat die Darlehensgeberin an die Darlehensnehmerin herauszugeben.

14. Außerordentliche Kündigung

Alle Darlehen können aus wichtigem Grund ohne Einhaltung einer Kündigungsfrist von der Darlehensgeberin durch Erklärung gegenüber der Darlehensnehmerin gekündigt werden. Ein wichtiger Grund liegt vor, wenn:

a) Darlehenspapiere am Rückgabetag nicht gemäß Ziffer 10.2. zurückgeliefert werden,

b) Sicherheiten nicht gemäß der Ziffern 5 und 6 bestellt werden,

c) die Darlehensnehmerin ihre Verpflichtungen aus Ziffer 9 auch binnen 3 Geschäftstagen nach Zugang einer schriftlichen Abmahnung der Darlehensgeberin nicht erfüllt,

d) am Valutierungstag eine Zusicherung der Darlehensnehmerin gemäß Ziffer 12 unrichtig ist,

e) die Darlehensnehmerin ihre Zahlungen einstellt, ihren Gläubigern einen Vergleich anbietet, einen Antrag auf Eröffnung eines Konkursverfahrens oder eines gerichtlichen Vergleichsverfahrens stellt, oder ein Konkursverfahren bzw. Vergleichsverfahren über das Vermögen der Darlehensnehmerin eröffnet wird.

15. Rechte der Darlehensgeberin

Mit der außerordentlichen Kündigung durch die Darlehensgeberin gemäß Ziffer 14 werden sämtliche Verbindlichkeiten beider Parteien aus sämtlichen bestehenden Darlehen fällig.

16. Sonstige Bestimmungen

16.1. "Geschäftstag" im Sinne dieses Vertrages ist ein Tag, der zugleich Bankarbeitstag an den zu Beginn dieses Vertrages genannten Anschriften der Vertragsparteien ist.

16.2. "Marktpreis" im Sinne dieses Vertrages ist der an der Frankfurter Wertpapierbörse festgestellte Kassakurs oder falls ein solcher nicht besteht, der Kassakurs der Heimatbörse der betreffenden Darlehenspapiere oder Wertpapiere, die Gegenstand von Wertpapiersicherheiten sind, zu dem jeweils in diesem Vertrag benannten Tag.

16.3. Die Übertragung von Rechten und Pflichten aus diesem Vertrag und aus einem Darlehen bedarf zu ihrer Wirksamkeit der schriftlichen Zustimmung der anderen Partei.

16.4. Dieser Vertrag kann jederzeit durch schriftliche Erklärung gegenüber der anderen Partei gekündigt werden. Die Kündigung hat jedoch auf Darlehen, die noch nicht vollständig abgewickelt sind, keinen Einfluß; für solche Darlehen gelten die Bestimmungen dieses Vertrages weiter.

16.5. Dieser Vertrag unterliegt dem Recht der Bundesrepublik Deutschland. Erfüllungsort und Gerichtsstand ist der Sitz der Darlehensnehmerin.

16.6. Sollte eine Bestimmung dieses Vertrages ganz oder teilweise unwirksam sein oder werden, so bleiben die übrigen Bestimmungen wirksam. Anstelle der unwirksamen Bestimmung gilt eine wirksame Regelung, die den wirtschaftlichen Zwecken der unwirksamen Bestimmung soweit wie möglich Rechnung trägt.

......................, den ...., den ....

....
Darlehensgeberin") ("Darlehensnehmerin")

Anhang 1 (Mustervertrag)

B e s t ä t i g u n g

An: .... (Darlehensgeberin)

Von: .... (Darlehensnehmerin)

Wir beziehen uns auf unser heutiges Telefongespräch/ Telex/Telefax und bestätigen die zwischen Ihnen und uns getroffene Vereinbarung über den Abschluß eines Wertpapier-Darlehens zu den Bestimmungen des zwischen Ihnen und uns bestehenden Rahmenvertrages für Wertpapier-Darlehen vom ... ... 199. zu den folgenden Konditionen:

1. Darlehenspapiere

a) Emittent ....

b) Emission ....

c) Gesamtnennbetrag ....

d) Kupon ....

e) Kupontag ....

f) Wertpapierkennummer ....

oder

a) Gesellschaft...

b) Art der Aktien.............. ....

c) Anzahl der Aktien......... ....

d) Wertpapierkennummer ....

2. Anschaffung der Stücke auf Konto:.......................................

3. Valutatag: ....

4. Rückgabe

- bei unbestimmter Laufzeit, spätestens am: ....
- bei bestimmter Laufzeit, am: ....

auf das Wertpapierdepot:..

5. Sicherheiten

a) Art der Wertpapiere..

b) Sicherungsbetrag...

c) Sicherheiten, anzuschaffen auf Depot:...................

d) Erträgniskonto...

6. Darlehensgebühren ....% p.a.

7. Zinsen und/oder Dividenden auf Konto: ....

ANHANG 2 (MUSTERVERTRAG)

Eigenanzeige

An: (Darlehensgeber)

Gemäß § 4 Abs. 2 Depotgesetz zeigen wir Ihnen an, daß wir das Eigentum an den in der Anlage verzeichneten Wertpapieren halten und daß wir berechtigt sind, ohne Beschränkung über diese Wertpapiere zu verfügen.

...., den ....

....

(Darlehensnehmer)

ANHANG 3: BEDINGUNGEN FÜR DKV-LEIHE

Bedingungen für Wertpapier-Leihgeschäfte der Deutschen Kassenverein Aktiengesellschaft Frankfurt am Main

Die Deutsche Kassenverein Aktiengesellschaft, Frankfurt am Main (Kassenverein), vermittelt im Auftrag ihrer Kontoinhaber Wertpapier-Leihgeschäfte und übernimmt deren Abwicklung nach Maßgabe der nachfolgenden Bedingungen.

1. Zulassungerfordernis

Die Zulassung zur Teilnahme am Wertpapier-Leihsystem wird vom Kassenverein auf schriftlichen Antrag des Kontoinhabers hin erteilt.

Der Kontoinhaber erklärt erstmals bei Antragstellung:

- ob und für welche Gattung er aufgrund einer Vereinbarung im Einzelfall Wertpapiere zu verleihen beabsichtigt (gelegentlichter Verleiher)

und/oder

- ob und für welche Gattung er Wertpapiere dem Kassenverein auf dem dort für ihn geführten Konto "Verleibare Wertpapiere" für das Zuteilungsverfahren zur Verfügung stellen wird (automatischer Verleiher).

  Entleiher haben ihren jeweiligen Bedarf dem Kassenverein bekanntzugeben.

2. Ausleihfähige Wertpapiere

(1) Der Kassenverein bestimmt die für Wertpapier-Leihgeschäfte zugelassenen Wertpapiergattungen. Er setzt weiter fest

- einen nennbetragsmäßigen Höchstbetrag für das Gesamtvolumen der Ausleihung in einer Wertpapiergattung;
- einen nennbetragsmäßigen Höchstbetrag für das Engagement des einzelnen Entleihers in der jeweiligen Wertpapiergattung;
- einen sich nach dem Kurswert bestimmenden Höchstbetrag für das Gesamtengagement des einzelnen Entleihers, wobei der Höchstbetrag auf der Grundlage des haftenden Eigenkapitals des Entleihers errechnet wird;

- den Mindestbetrag für den Nennbetrag und Stückzahl einer Wertpapiergattung, ab dem der Kassenverein Aufträge für ein Wertpapier-Leihgeschäft ausführt.

  Diese Höchst- und Mindestbeträge sowie die ausleihefähigen Wertpapiergattungen werden im Mitteilungsblatt des Kassenvereins bekanntgegeben.

(2) Festverzinsliche Wertpapiere, deren Restlaufzeit weniger als sechs Monate beträgt oder die für Auslosungszwecke in Serien oder Gruppen aufgeteilt oder die vorzeitig zur Rückzahlung gekündigt worden sind, scheiden aus dem Wertpapier-Leihsystem aus.

(3) Der Kassenverein kann einzelne Wertpapiergattungen aus wichtigem Grund, wie zum Beispiel bei Einstellung oder Aussetzung der Kursnotierung sowie bei Umtausch- oder Abfindungsangeboten ganz oder vorübergehend für das Wertpapier-Leihsystem sperren.

3. Dauer der Ausleihe

Wertpapiere können auf unbestimmte Zeit oder für einen bestimmten Zeitraum entliehen werden. In keinem Fall darf die Ausleihe sechs Monate übersteigen.

4. Behandlung von Zinsen, Dividenden und Bezugsrechten

(1) Bei festverzinslichen Wertpapieren wird der Kassenverein den Gegenwert fälliger Zinsansprüche am Zahltag dem Konto des Entleihers belasten und dem Konto des Verleihers gutschreiben.

(2) Entliehene Aktien und Genußscheine sind einen Börsentag vor dem Tag zurückzugeben, an dem der Kassenverein nach Maßgabe seiner Geschäftsbedingungen die Gewinn- bzw. Ausschüttungsanteilscheine von den Aktien bzw. Genußscheinen trennt. Bei Nichterfüllung dieser Rückgabepflicht hat der Entleiher unter Fortsetzung des Leihgeschäfts den Gegenwert der jeweils fälligen Gewinn- bzw. Ausschüttungsanteilscheine netto zu vergüten und in Höhe der hierauf entfallenden Kapitalertragsteuer und des jeweiligen Körperschaftsteuerguthabens eine Barzahlung zu leisten. Der Kassenverein wird das Konto des Entleihers entsprechend belasten und dem Konto des Verleihers eine Gutschrift erteilen.

(3) Auf die entliehenen Wertpapiere entfallende Bezugsrechte sind spätestens am dritten Tag des Bezugsrechtshandels zur Verfügung zu stellen; anderenfalls wird der Kassenverein die Bezugsrechte am folgenden Börsentag für Rechnung des Entleihers kaufen und dessen Konto bei der Landeszentralbank mit dem Kaufpreis einschließlich der Nebenkosten belasten lassen. Ist diese Eindeckung nicht möglich, wird der Kassenverein den Gegenwert der Bezugsrechte, berechnet auf der Basis des Wertes des am ersten Tag des Bezugsrechtshandels an der Frankfurter Wertpapierbörse festgestellten Kurses, auf dem Landeszentralbank-Konto des Verleihers

anschaffen und gleichzeitig das Landeszentralbank-Konto des Entleihers belasten lassen.

5. Verpflichtung zur vorzeitigen Rückgabe der entliehenen Wertpapiere

(1) Entliehene Wertpapiere sind bei Umtausch-, Abfindungs- oder sonstigen Kaufangeboten, wenn hierüber eine Bekanntmachung in den "Wertpapier-Mitteilungen" erschienen ist, am dritten Börsentag vor dem Beginn der Frist zur Annahme bzw. zur Abgabe solcher Angebote zurückzugeben. Bei nicht fristgemäßer Rückgabe wird der Kassenverein gemäß Nr. 10 Abs. 1 dieser Bedingungen vorgehen.

(2) Soweit der Kassenverein einen Zeitpunkt für das Ausscheiden festverzinslicher Wertpapiere aus dem Wertpapier-Leihsystem (Nr. 2, Abs. 2) bekannt gibt, sind entliehene Wertpapiere am dritten Börsentag vor dem bekanntgegebenen Zeitpunkt zurückzugeben. Bei nicht fristgemäßer Rückgabe wird der Kassenverein gemäß Nr. 10 Abs. 1 dieser Bedingungen vorgehen.

6. Fristgemäße Kündigung bei Ausleihe auf unbestimmte Dauer

(1) Werden die Wertpapiere auf unbestimmte Zeit verliehen, so kann der Verleiher das Leihgeschäft insgesamt oder teilweise kündigen. Eine Teilkündigung ist nur für den Mindestbetrag je Leihgeschäft oder ein Vielfaches hiervon möglich. Der Kassenverein wird Kündigungserklärungen nur am selben Tag bearbeiten, wenn sie ihm bis 12.00 Uhr zugehen. Später eingehende Erklärungen werden erst am darauffolgenden Börsentag bearbeitet. Der Kassenverein wird den Entleiher bis 14.00 Uhr von der Kündigung unterrichten; der Entleiher hat die Wertpapiere spätestens am fünften Börsentag nach Bearbeitung der Kündigung durch den Kassenverein an den Verleiher zurückzugeben.

(2) Der Entleiher kann das Leihgeschäft insgesamt oder teilweise jederzeit ohne Einhaltung einer Frist kündigen. Eine Teilkündigung ist nur für den Mindestbetrag je Leihgeschäft oder ein Vielfaches hiervon möglich. Die Kündigungserklärung wird wirksam mit Zugang beim Kassenverein; der Rückgabeanspruch wird fällig am darauffolgenden Bankarbeitstag.

7. Fristlose Kündigung/sofortige Fälligkeit in bestimmten Fällen

Der Kassenverein kann Leihgeschäfte für die Verleiher ohne Einhaltung einer Frist kündigen, wenn

- dem Kassenverein die vom Entleiher zur Verstärkung angeforderten Sicherheiten nicht bis zwölf Uhr des nächsten Bankarbeitstages bestellt worden sind;

- der Entleiher zahlungsunfähig wird oder seine Zahlungen eingestellt hat.

Die Rückgabeansprüche aus dem Leihgeschäft werden sofort fällig, wenn gegen den Entleiher Maßnahmen nach §§ 46, 46a Kreditwesengesetz getroffen werden.

8. Technische Abwicklung

8.1. Gesonderte Verbuchung der verleihbaren Wertpapiere

Der automatische Verleiher hat den Kassenverein auf dem nach den Geschäftsbedingungen des Kassenvereins zugelassenen Weg zu beauftragen, die Wertpapiere seinem auf ihn lautenden Konto "Verleihbare Wertpapiere" gutzuschreiben.

8.2. Zuteilungsverfahren

(1) Der Kassenverein ermittelt regelmäßig für jede Wertpapiergattung die Gesamtnachfrage der Entleiher und das Gesamtangebot der Verleiher. Für die Zuteilung gegenüber den automatischen Verleihern wird ein die Neutralität gewährleistendes Verfahren eingesetzt. Die sonstigen Modalitäten der Zuteilung werden in den gesonderten "Technischen Richtlinien" festgelegt.

(2) Nehmen gelegentliche Verleiher am Leihgeschäft teil, so werden diese vom Kassenverein nach Maßgabe der "Technischen Richtlinien" angesprochen.

(3) Übersteigt die Nachfrage der Entleiher das Angebot der Verleiher, so erfolgt die Zuteilung in der Reihenfolge des Eingangs der Nachfrage.

8.3. Zuordnung einer Geschäftsnummer

Der Kassenverein wird jedem Leihgeschäft bis zur Rückgabe der Wertpapiere eine Geschäftsnummer zuordnen, mit deren Hilfe der Verleiher und Entleiher jederzeit festgestellt und benannt werden können.

8.4. Befugnisse des Kassenvereins; Verfügungsbeschränkungen des Verleihers

(1) Der Kassenverein ist ermächtigt, das Eigentum an den verliehenen Wertpapieren zu übertragen. Das Eigentum an den entliehenen Wertpapieren geht über, sobald der Kassenverein auf dem Konto des Entleihers eine entsprechende Gutschrift erteilt hat und dem Entleiher der hierfür erforderliche Mitbesitz nach § 28 Allgemeine Geschäftsbedingungen des Kassenvereins verschafft worden ist.

(2) Der Kassenverein kann für den Verleiher und den Entleiher alle zur Vermittlung, Durchführung und Rückabwicklung der Leihgeschäfte erforderlichen Erklärungen abgeben und entgegennehmen sowie Maßnahmen vornehmen. Der Kassenverein ist von den Beschränkungen des § 181 BGB befreit.

(3) Der Verleiher kann über verliehene Wertpapiere nicht verfügen und insbesondere keine Stimmrechte ausüben.

8.5. Rückabwicklung der Leihgeschäfte

(1) Das Eigentum an den einem Verleiher zurückgegebenen Wertpapieren geht über, sobald der Kassenverein dem Konto des Verleihers eine entsprechende Gutschrift erteilt hat und dem Verleiher der hierfür erforderliche Mitbesitz nach § 28 Allgemeine Geschäftsbedingungen des Kassenvereins verschafft worden ist.

(2) Der Entleiher hat nach einer Kapitalerhöhung aus Gesellschaftsmitteln, einem Aktiensplit oder nach Zahlung einer Stockdividende eine den entliehenen Wertpapieren entsprechende Anzahl zusätzlicher Aktien zur Verfügung zu stellen. Bei Kapitalherabsetzungen sind vom Tag des Beginns der Ausreichung der neuen Aktienurkunden oder der herabgestempelten Urkunden an entsprechend dem Umstellungsverhältnis die neuen Aktien zu liefern. In allen vorbezeichneten Fällen sind etwaige Teilrechte mitzuliefern, oder es hat eine Barvergütung auf der Basis des Kassakurses der Aktie am Tage vor dem Fälligkeitstag zu erfolgen.

(3) Sind festverzinsliche Wertpapiere mit Kontrollnummern entliehen, so sind bei einer Rückgabe innerhalb der Bonifikationssperrfrist Wertpapiere mit Kontrollnummern, die nicht denen der entliehenen Wertpapieren entsprechen müssen, zurückzugeben. Auf die verspätete Rückgabe von Kontrollnummernbescheinigungen findet Nr. 10 dieser Bedingungen keine Anwendung. Etwaige Schadensersatzansprüche des Verleihers wegen der verspäteten Rückgabe von Kontrollnummernbescheinigungen bleiben hiervon unberührt.

9. Sicherstellung des Rückgabeanspruchs des Verleihers

(1) Der Entleiher hat für die ordnungsgemäße Erfüllung seiner Rückgabe- und Vergütungspflicht Sicherheiten zu leisten, bevor ihm der Kassenverein die entliehenen Wertpapiere zur Verfügung stellt. Hierfür eignen sich nur Guthaben in Deutscher Mark auf dem entsprechenden Konto des Kassenvereins bei der Landeszentralbank, lombardfähige Wertpapiere und an einer deutschen Wertpapierbörse amtlich notierte deutsche Aktien.

(2) Sämtliche Sicherheiten für die Rückgabe- und Vergütungsansprüche aus dem Verleihgeschäft werden dem Kassenverein bestellt. Diese Rückgabe- und Vergütungsansprüche gehen daher zu diesem Zweck unmittelbar nach der Entstehung auf den Kassenverein über. Der Kassenverein hält die Sicherheiten sowie Rückgabe- und Vergütungsansprüche als Treuhänder der Verleiher. Soweit der Verleiher wegen dieser Rückgabe- und Vergütungsansprüche befriedigt worden ist, werden die hierfür bestellten Sicherheiten und die gegen den säumigen Entleiher bestehenden Ansprüche vom Kassenverein als Treuhänder des Bankenkonsortiums gehalten und geltend gemacht.

(3) Bei einer Sicherheitsleistung in Wertpapieren erwirbt der Kassenverein das Pfandrecht an den Wertpapieren mit der Einbuchung dieser Sicherheiten in das bei ihm für den jeweiligen Entleiher geführte Pfanddepot "Sicherheiten Wertpapier-Leihe". Eine Sicherheitsleistung in Geld ist durch Anschaffung auf dem Konto des Kassenvereins bei der Landeszen-

tralbank vorzunehmen. die Wertpapier- bzw. Kontoguthaben dienen als Sicherheit für alle gegenwärtigen und künftigen Ansprüche, die dem Kassenverein aus eigenem Recht oder aus übergegangenem Recht nach Nr. 9 (2) dieser Bedingungen zustehen. Für die Verpfändung von Kundenbeständen gelten die Regelungen in den "Technischen Richtlinien" des Kassenvereins, die Bestandteil dieser Bedingungen sind.

(4) Der Wert der bestellten Sicherheiten hat mindestens dem Kurswert (Einheitskurs) der entliehenen Wertpapiere zuzüglich eines vom Kassenverein bekanntgegebenen Aufschlags zur Absicherung etwaiger Kurswertsteigerungen der entliehenen Wertpapiere (Sicherheitenmarge) zu entsprechen. Der Kassenverein kann jederzeit für den Verleiher eine Vestärkung der Sicherheiten erlangen, wenn die vorbezeichnete Sicherheitenmarge vollständig aufgebraucht ist. Bei der Bewertung der bestellten Sicherheiten werden Geldguthaben mit 100 %, lombardfähige Wertpapiere mit 75 % des Kurswertes und Aktien mit 50 % des Kurswertes angerechnet.

(5) Ein Bankenkonsortium hat gegenüber dem Kassenverein als Treuhänder der Verleiher die unwiederrufliche Garantie für die Erfüllung der Rückgabe- und Vergütungsverpflichtungen der Entleiher bis zu einem Gesamtbetrag von DM 50 Mio. übernommen. Die Rechte aus der Garantie werden ausschließlich durch den Kassenverein ausgeübt. Die Garantie kann nur wegen eines etwaigen Fehlbetrages bei der Verwertung der von dem jeweiligen Entleiher gestellten Sicherheiten in Anspruch genommen werden.

10. Nicht fristgemäße Rückgabe der entliehenen Wertpapiere

(1) Werden die entliehenen Wertpapiere nicht am Fälligkeitstag zurückgegeben, wird der Kassenverein eine entsprechende Anzahl von Wertpapieren am ersten Börsentag anch dem Fälligkeitstag für Rechnung des Entleihers kaufen und dessen Konto bei der Landeszentralbank mit dem Kaufpreis einschließlich der Nebenkosten belasten lassen. Ist dies Eindeckung nicht möglich, wird der Kassenverein den Gegenwert der Wertpapiere auf dem Landeszentralbank-Konto des Verleihers unter gleichzeitiger Belastung des Landeszentralbank-Kontos des Entleihers anschaffen. Maßgebend für die Berechnung des Gegenwertes ist der Einheitskurs der Frankfurter Wertpapierbörse am Fälligkeitstag des Rückgabeanspruches, bei fortlaufender Notierung der erste an diesem Tag festgestellte Kurs. Wird am Fälligkeitstag kein Kurs festgestellt, so ist der zuletzt festgestellte Einheitskurs maßgeblich. Der Entleiher hat das Nutzungsentgelt bis zu dem Kalendertag einschließlich zu zahlen, an dem der Kassenverein dem Verleiher die Wertpapiere oder den entsprechenden Gegenwert gutschreibt. Die Geltendmachung eines weiteren Schadens ist nicht ausgeschlossen.

(2) Unterläßt der Entleiher den gleichtägigen Ausgleich der Belastungen seines Kontos bei der Landeszentralbank wegen nicht fristgemäßer Rückgabe, wird der Kassenverein die als Sicherheit verpfändeten Wertpapiere am nächsten Börsentag verwerten; unter mehreren Sicherheiten hat der Kassenverein die Wahl. Wegen eines etwaigen Fehlbetrages kann der Kasssenverein die Garantie des Bankenkonsortiums in Anspruch nehmen.

11. Vergütung

Der Entleiher hat für die Nutzung der entliehenen Wertpapiere und für die Vermittlungs- und Abwicklungstätigkeit des Kassenvereins jeweils ein von diesem festgelegtes, nach Kalendertagen berechnetes Entgelt zu zahlen. Das Nutzungsentgelt legt der Kassenverein unter Berücksichtigung der Marktgegebenheiten auf der Basis des Einheitskurses am Tag der Ausführung des Auftrags pro rata temporis für den Zeitraum der Leihe fest. Der entgeltpflichtige Zeitraum beginnt am Tag der Lieferung der entliehenen Wertpapiere und endet mit Ablauf des Kalendertages, der dem Tag der Rückgabe der Wertpapiere vorausgeht. Diese Entgelte werden dem Konto des Entleihers monatlich belastet. Zum selben Zeitpunkt erteilt der Kassenverein dem Verleiher eine Gutschrift abzüglich des auf das Bankenkonsortium entfallenden Anteils an dem vom Entleiher gezahlten Nutzungsentgelt.

12. Börsentage / Bankarbeitstage / Kurswert

Für die Fristenberechnung sind die Börsentage der Frankfurter Wertpapierbörse sowie die Bankarbeitstage in Frankfurt maßgeblich.

Soweit nach diesen Bedingungen ein Kurswert zugrunde zu legen ist, ist der entsprechende Kurs an der Frankfurter Wertpapierbörse maßgeblich.

13. Weitere Bedingungen

Ergänzend gelten die Geschäftsbedingungen des Kassenvereins und die "Technischen Richtlinien" für die Wertpapier-Leihe.

ANHANG 4: SONDERBEDINGUNGEN FÜR DKV-LEIHE

**Sonderbedingungen für Wertpapier-Leihgeschäfte
im Wertpapier-Leihsystem der
Deutschen Kassenverein Aktiengesellschaft,
Frankfurt am Main**

Für Aufträge zum Abschluß von Wertpapier-Leihgeschäften gelten die nachstehenden Bedingungen.

I. Allgemeines

1. Beauftragung des Kreditinstituts/Maßgebliche Bedingungen

Aufträge zum Verleihen oder Entleihen von Wertpapieren werden von Wertpapier-Darlehensverträgen im Sinne des § 607 BGB (Wertpapier-Leihgeschäfte) im eigenen Namen für Rechnung des Kunden ausgeführt (Kommissionsgeschäfte im Sinne des §§ 383 ff. HGB). Das Kreditinstitut beauftragt hierzu die Deutschen Kassenverein Aktiengesellschaft (Kassenverein) mit der Vermittlung der Wertpapier-Leihgeschäfte zwischen Kreditinstituten, die bei ihr ein Konto unterhalten.

Diese Vermittlungsaufträge werden vom Kassenverein nach Maßgabe seiner "Bedingungen für Wertpapier-Leihgeschäfte" (KV-Bedingungen) ausgeführt, die ergänzend zu diesen Sonderbedingungen auch im Verhältnis zwischen Kreditinstitut und Kunden gelten und die dem Kunden bei erstmaliger Erteilung eines Verleih/Entleihauftrages zur Verfügung gestellt werden.

II. Verleihaufträge

2. Automatischer und gelegentlicher Verleiher / Verfügungsbeschränkungen des Verleihers

Der Kunde (Verleiher) kann die zu verleihenden Wertpapiere unter dem Vorbehalt des Widerrufs dem Kreditinstitut zur wiederholten Ausleihe zur Verfügung stellen (automatische Verleiher). Verleihgeschäfte für automatische Verleiher wird das Kreditinstitut auf unbestimmte Zeit abschließen; hiervon bleibt das Kündigungsrecht des automatischen Verleihers nach Nr. 3 dieser Bedingungen unberührt.

Sofern der Verleiher die zu verleihenden Wertpapiere nicht zur automatischen Ausleihe, sondern nur nach Vereinbarung zur einmaligen Ausleihe zur Verfügung stellt (gelegentlicher Verleiher), wird das Kreditinstitut die Wertpapiere absprachegemäß auf unbestimmte Zeit oder für einen bestimmten Zeitraum verleihen.

Solange die Wertpapiere verliehen oder zur automatischen Ausleihe zur Verfügung gestellt sind, kann der Verleiher über die Wertpapiere nicht verfügen und insbesondere keine Stimmrechte ausüben. Der Kassenverein darf das Eigentum an den entliehenen Wertpapieren auf den Entleiher übertragen.

3. Kündigungsrecht des Verleihers

Der Verleiher kann das Leihgeschäft jederzeit insgesamt oder teilweise kündigen, wenn Wertpapiere auf unbestimmte Zeit verliehen wurden. Eine Teilkündigung ist nur für den vom Kreditinstitut bekanntgegebenen Mindestbetrag je Leihgeschäft oder ein Vielfaches hiervon möglich. Die Kündigungserklärung wird wegen der zeitlichen Vorgaben des Kassenvereins nur am selben Tag bearbeitet, wenn sie dem Kreditinstitut bis 10.00 Uhr zugeht. Später eingehende Erklärungen werden am darauffolgenden Börsentag bearbeitet. Der Rückgabeanspruch ist am sechsten Börsentag nach dem Tage fällig, an dem das Kreditinstitut die eingehende Erklärung bearbeitet.

4. Zahlungsanspruch des Verleihers

Der Verleiher erhält für die Überlassung der Wertpapiere eine nach Kalendertagen berechnete Vergütung nach Maßgabe des vom Kassenverein festgelegten Nutzungsentgelts, das unter Berücksichtigung der Marktgegebenheiten auf der Basis des Einheitskurses am Tag der Ausführung des Auftrags pro rata temporis für den Zeitraum des Ausleihens festgesetzt wird, abzüglich des auf das Bankenkonsortium für die Ausfallgarantie (vgl. Nr. 9 Abs. 5 der KV-Bedingungen) entfallenden Anteils. Der vergütungspflichtige Zeitraum beginnt mit dem Tag der Lieferung der entliehenen Wertpapiere und endet mit Ablauf des Kalendertages, der dem Tag der Rückgabe der Wertpapiere vorausgeht. Von diesem Nutzungsentgelt erhält das Kreditinstitut eine Vergütung für die Vermittlung und Durchführung des Verleihauftrages.

5. Sicherheitsleistung / Keine Eigenhaftung des Kreditinstituts

Der Kassenverein läßt sich als Treuhänder seiner verleihenden Kontoinhaber von den entleihenden Kontoinhabern Sicherheiten für die Rückgabe- und Vergütungsansprüche aus den Leihgeschäften bestellen. Für einen etwaigen Ausfall bei der Sicherheitenverwertung hat ein Bankenkonsortium eine Ausfallgarantie gestellt. Das einen Verleihauftrag ausführende Kreditinstitut übernimmt keine Haftung für die Erfüllung der Rückgabe- und Vergütungspflichten der entleihenden Kontoinhaber.

III. Entleihaufträge

6. Wertpapierdarlehen

Mit der Ausführung des Entleihauftrages kommt zwischen dem Kreditinstitut und dem Kunden (Entleiher) ein Wertpapierdarlehen (§ 607 BGB) zustande.

7. Sicherheitsleistung

Der Auftrag zum Entleihen von Wertpapieren wird an den Kassenverein nur weitergeleitet, wenn der Entleiher bei dem Kreditinstitut im Rahmen des AGB-Pfandrechts zugleich als Sicherheit für alle Ansprüche aus den Leihgeschäften haften. Der Entleiher hat hierzu bei dem Kreditinstitut Guthaben in Deutscher Mark, lombardfähige Wertpapiere und/oder an einer deutschen Wertpapierbörse amtlich notierte deutsche Aktien in ausreichendem Umfange zu unterhalten. Der Wert der bestellten Sicherheiten hat mindestens dem Kurswert (Einheitskurs) der entliehenen Wertpapiere zuzüglich eines von dem Kreditinstitut bekannzugebenden Aufschlages zur Besicherung etwaiger Kurswertsteigerungen der entliehenen Wertpapiere (Sicherheitenmarge) zu entsprechen. Das Kreditinstitut kann eine Verstärkung der Sicherheiten verlangen, wenn die vorbezeichnete Sicherheitenmarge aufgebraucht ist.

Der Entleiher ermächtigt das Kreditinstitut, die nach Nr. 7 Abs. 1 dieser Bedingungen als Sicherheit haftenden Wertpapiere auf den Kassenverein mit der Maßgabe zu übertragen, daß sie nur für solche Forderungen der verleihenden Kreditinstitute haften, die mit den Darlehensverbindlichkeiten des Entleihers zusammenhängen (§ 12 Abs. 3 DepotG). Der Kassenverein hält diese Forderungen für die verleihenden Kreditinstitute treuhänderisch. Die Wertpapiere dürfen nur bis zur Höhe der vorbezeichneten Darlehensverbindlichkeiten des Entleihers verwertet werden.

8. Zahlungspflicht des Entleihers

Der Entleiher hat für die Nutzung der Wertpapiere ein Entgelt zu zahlen; für die Berechnung gelten die für den Vergütungsanspruch des Verleihers maßgeblichen Berechungsgrundsätze (vgl. Nr. 4 dieser Bedingungen). Der entgeltpflichtige Zeitraum beginnt am Tag der Ausleihe und endet mit Ablauf des Kalendertages, der dem Tag der Rückgabe der Wertpapiere vorausgeht. Darüber hinaus hat der Entleiher für die Vermittlungs- und Abwicklungstätigkeit des Kassenvereins und des den Entleihauftrag ausführenden Kreditinstituts eine Vergütung zu zahlen.

9. Fristlose Kündigung des Entleihers

Der Entleiher kann das Leihgeschäft ohne Einhalt einer Kündigungsfrist ganz oder teilweise kündigen. Das Kreditinstitut wird diese Kündigung unverzüglich an den Kassenverein weiterleiten. Die Fälligkeit des

Rückgabeanspruchs des Kreditinstituts bestimmt sich nach Maßgabe der KV-Bedingungen. Eine Teilkündigung ist nur für den Mindestbetrag je Leihgeschäft oder ein Vielfaches hiervon möglich.

10. Fristlose Kündigung gegenüber Entleiher

Das Kreditinstitut kann das Leihgeschäft jederzeit insgesamt oder teilweise kündigen, wenn Wertpapiere auf unbestimmte Zeit verliehen wurden. Eine Teilkündigung ist nur für den Mindestbetrag je Leihgeschäft oder ein Vielfaches hiervon möglich. Das Kreditinstitut wird die Kündigung gegenüber dem Entleiher mittels Telefon, Telekopie oder eines vergleichbaren Übermittlungsmediums erklären. Der Rückgabeanspruch ist am fünften Börsentag nach Abgabe der Kündigungserklärung fällig.

Das Kreditinstitut kann alle oder einzelne Leigeschäfte ohne Einhaltung einer Frist aus wichtigem Grund kündigen. Ein wichtiger Grund liegt insbesondere vor, wenn der Entleiher

- die von dem Kreditinstitut zur Verstärkung angeforderten Sicherheiten nicht bis 12.00 Uhr des nächsten Bankarbeitstages bestellt hat,

- zahlungsunfähig wird oder seine Zahlungen eingestellt hat.

IV. Zinsen, Dividenden, Bezugsrechte

11. Zinsen

Bei festverzinslichen Wertpapieren wird der Gegenwert fälliger Zinsansprüche am Zahltag dem Konto des Entleihers belastet und dem Konto des Verleihers gutgeschrieben.

12. Dividenden

Entliehene Aktien und Genußscheine sind zwei Bankarbeitstage vor dem Tag zurückzugeben, an dem der Kassenverein nach Maßgabe seiner Geschäftsbedingungen die Gewinn- bzw. Ausschüttungsanteilsscheine von den Aktien bzw. Genußscheinen trennt. Hierüber wird das Kreditinstitut den Entleiher benachrichtigen. Für die Rückgabe gilt Nr. 15 dieser Bedingungen. Bei etwaiger unterlassener oder verspäteter Rückgabe hat der Entleiher unter Forsetzung des Leihgeschäfts den Gegenwert der jeweils fälligen Gewinn- bzw. Ausschüttungsanteilsscheine netto zu vergüten und in Höhe der hierauf entfallenden Kapitalertragsteuer und des jeweiligen Körperschaftsteuerguthabens eine Barzahlung zu leisten.

13. Bezugsrechte

Auf die entliehenen Wertpapiere entfallende Bezugsrechte hat der Entleiher zur Verfügung zu stellen. Hierzu muß das Depot des Entleihers bei dem Kreditinstitut am Tag vor Beginn des Bezugsrechtshandels ein Girosammel-Depotguthaben in der entsprechenden Aktiengattung aufweisen. Hierüber wird das Kreditinstitut den Entleiher benachichtigen. Der Entleiher hat ferner das Kreditinstitut anzuweisen, die Bezugsrechte am ersten Tag des Bezugsrechtshandels seinem Depot zu entnehmen. Sollte das Depot des Entleihers am Tag vor Beginn des Bezugsrechtshandels ein Depotguthaben in den entsprechenden Aktien nicht aufweisen, wird das Kreditinstitut die Bezugsrechte am ersten Tag des Bezugsrechtshandels für Rechnung des Entleihers kaufen und dessen Konto mit dem Kaufpreis einschließlich der Nebenkosten belasten. Ist diese Eindeckung an diesem Tage nicht möglich, wird das Kreditinstitut den Entleiher mit dem Betrag belasten, der ihm vom Kassenverein nach Maßgabe der KV-Bedingungen in Rechnung gestellt worden ist.

V. Rückabwicklung der Leihgeschäfte

14. Verpflichtung zur vorzeitigen Rückgabe der entliehenen Wertpapiere

Entliehene Wertpapiere sind bei Umtausch-, Abfindungs- oder sonstigen Kaufangeboten, wenn hierfür eine Bekanntmachung in den "Wertpapier-Mitteilungen" erschienen ist, am dritten Börsentag vor dem Beginn der Frist zur Annahme bzw. zur Abgabe solcher Angebote gemäß Nr. 15 dieser Bedingungen zurückzugeben. Das Kreditinstitut wird Verleiher und Entleiher hierüber benachrichtigen. Bei nicht fristgemäßer Rückgabe erfolgt die weitere Abwicklung nach Nr. 16 dieser Bedingungen.

Soweit der Kassenverein einen Zeitpunkt für das Ausscheiden festverzinslicher Wertpapiere aus dem Wertpapier-Leihsystem bekanntgibt, weil ihre Restlaufzeit weniger als sechs Monate beträgt oder sie für Auslosungszwecke in Serien oder Gruppen aufgeteilt oder vorzeitig gekündigt worden sind, sind die entliehenen Wertpapiere aus der betroffenen Wertpapiergattung spätestens am dritten Börsentag vor dem bekanntgegebenen Zeitpunkt gemäß Nr. 15 dieser Bedingungen zurückzugeben. Das Kreditinstitut wird Verleiher und Entleiher hierüber benachrichtigen. Bei nicht fristgemäßer Rückgewähr erfolgt die weitere Abwicklung nach Nr. 16 dieser Bedingungen.

15. Rückgabe der Wertpapiere am Fälligkeitstag

Das Depot des Entleihers bei dem Kreditinstitut muß am Fälligkeitstag ein Girosammel-Depotguthaben in Höhe der zurückzugebenden Wertpapiere aufweisen; der Entleiher hat zur Rückgabe der entliehenen Wertpapiere das Kreditinstitut anzuweisen, die Wertpapiere am Fälligkeitstag seinem Depot zu entnehmen.

Bei einer Rückgabe nach einer Kapitalerhöhung aus Gesellschaftsmitteln, einem Aktiensplit oder nach Zahlung einer Stockdividende sind eine den entliehenen Wertpapieren entsprechende Anzahl zusätzlicher Aktien zur Verfügung zu stellen. Bei Kapitalherabsetzungen sind vom Tage des Beginns der Ausreichung der neuen Aktienurkunden oder der herabgestempelten Urkunden an entsprechend dem Umstellungsverhältnis die neuen Aktien zu liefern. In allen vorbezeichneten Fällen sind etwaige Teilrechte mitzuliefern; andernfalls hat eine Barvergütung auf der Basis des Einheitskurses der Aktie am Tage vor dem Fälligkeitstag zu erfolgen.

Sind festverzinsliche Wertpapiere mit Kontrollnummern entliehen worden, so sind bei einer Rückgabe innerhalb der Bonifikationssperrfrist Wertpapiere mit Kontrollnummern, die nicht denen der entliehenen Wertpapiere entsprechen müssen, zurückzugeben. Auf die verspätete Rückgabe von Kontrollnummernbescheinigungen findet Nr. 16 dieser Bedingungen keine Anwendung. Etwaige Schadensersatzansprüche des Verleihers wegen der verspäteten Rückgabe von Kontrollnummernbescheinigungen bleiben hiervon unberührt.

16. Nicht fristgemäße Rückgabe der Wertpapiere

Unterläßt der Entleiher die Rückgabe der entliehenen Wertpapiere am Fälligkeitstag, wird der Kassenverein eine entsprechende Anzahl von Wertpapieren am ersten Börsentag nach dem Fälligkeitstag kaufen. Das Kreditinstitut wird das Konto des Entleihers mit dem Kaufpreis einschließlich der Nebenkosten belasten. Ist diese Eindeckung nicht möglich, wird das Kreditinstitut den Gegenwert der Wertpapiere dem Konto des Entleihers belasten. Maßgebend für die Berechnung des Gegenwertes ist der Einheitskurs am Fälligkeitstag des Rückgabeanspruchs, bei fortlaufender Notierung der erste an diesem Tag festgestellte Kurs. Wird am Fälligkeitstag kein Kurs festgestellt, so ist der zuletzt festgestellte Einheitskurs maßgeblich. Der Entleiher hat das Nutzungsentgelt bis zu dem Kalendertag einschließlich zu zahlen, an dem der Kassenverein seinem verleihenden Kontoinhaber die Wertpapiere oder den entsprechenden Gegenwert gutschreibt. Die Belastung des Kontos des Entleihers mit einem weiteren Schaden des Verleihers ist nicht ausgeschlossen.

Weist das Konto des Entleihers infolge der Belastung nach Abs. 1 einen Soll-Saldo aus, der nicht durch einen Kredit gedeckt ist, und unterläßt der Entleiher innerhalb der vom Kreditinstitut gesetzten Frist den Ausgleich seines Soll-Saldos, so kann das Kreditinstitut die als Sicherheit haftenden Wertpapiere börsen- oder marktmäßig verwerten.

17. Börsentage/Bankarbeitstag/Kurswert

Für die Fristberechnung sind die Börsentage an der Frankfurter Wertpapierbörse sowie die Bankarbeitstage in Frankfurt maßgeblich.

Soweit nach diesen Bedingungen ein Kurswert zugrunde zu legen ist, ist der entsprechende Kurs an der Frankfurter Wertpapierbörse maßgeblich.

LITERATURVERZEICHNIS

Birck, Heinrich
Meyer, Heinrich — Die Bankbilanz, 3. Auflage, Teil 5, Wiesbaden 1989

Blitz, Jürgen;
Illhardt, Jörg — Wertpapierleihe beim Deutschen Kassenverein, in:Die Bank, 1990

Consbruch/Möller/
Bähre/Schneider — Kreditwesengesetz-Textsammlung, Nr. 17.02

Cordero, Ricardo — Der Financial Futures Markt, Stuttgart, Bern 1987

Eckhardt, Jens — Im vergangenen Jahr beeindruckende Fortschritte, in: Handelsblatt vom 23.5.1991

Hamacher, Rolfjosef — Geschäfte an der DTB steuerlich: Die Wertpapierleihe, in: Die Bank, 1/1990

Häuselmann, Holger — Wertpapier-Leihgeschäfte. Fragen zur rechtlichen, bilanziellen und steuerlichen Behandlung, Frankfurt 1990

Häuselmann, Holger/
Wiesenbart, Thomas — Die Bilanzierung und Besteuerung von Wertpapier-Leihgeschäften in: Der Betrieb, 43. Jahrgang, Heft 43 vom 26.10.1990

Honeygold, Derek — Internationale Finanzmärkte, Cambridge 1989

Japan Securities
Research Institute — Der Wertpapiermarkt in Japan 1990, Tokio 1990

Kümpel, Siegfried — Die Grundstruktur der Wertpapierleihe und ihre rechtlichen Aspekte, in: Wertpapier-Mitteilungen, Nr.23

Landeszentralbank
in Hessen — Wertpapierleihe. Ein weiteres Segment des hiesigen Finanzmarktes, in: Frankfurter Finanzmarkt-Bericht vom Mai 1991

Landgraf, Robert — Wertpapier-Pensionsgeschäfte stecken zur Zeit noch in den Kinderschuhen, in: Handelsblatt vom 10.5.1991

MacRae, Desmond — Would you lend securities to this man?, in: Global Custodian, März 1991

ohne Verfasser — Repo Markt wäre Bereicherung, in: Börsenzeitung vom 30.4.1991

ohne Verfasser — Repos: The 50 Billion $ Secret, in: Euromoney vom Juni 1991, London 1991

ohne Verfasser — Stock-Lending for liquidity, in: The Economist vom 8.6.1991

ohne Verfasser — Umsätze von DM-Papieren nicht ins Ausland verlagern in: Handelsblatt vom 17.5.1991

Roman, Monica — Out of the shadows, in: Global Custodian, September 1989

Schätzle, Rainer — Handbuch Börse 1989, München 1988

Schierenbeck, Henner — Institutionelle Bankbetriebslehre, Stuttgart 1987

Schreyer, Ralf/ Thießen, Friedrich — Arbitrage am Anleihemarkt, in: Die Bank Heft 8/91

Stigum, Marcia — The Repo and Reverse Markets, Homewood, Illinois 1989

Thomas, Sabine — Die Abwicklung von Wertpapiergeschäften im internationalen Vergleich. Ein Beitrag zur Vereinheitlichung der Erfüllungsfristen, (Hrsg.) Wertpapier-Mitteilungen, Frankfurt 1989

Treuberg von, Hubert Graf/ Scharpf, Paul — Pensionsgeschäfte und deren Behandlung im Jahresabschluß von Kapitalgesellschaften nach § 340b HGB, in: Der Betrieb, (44.Jahrgang), Seite 1233

Zimmermann, Heinz — Pensionskassen sollten mehr tun, in: Soffex Extra, Soffex, Heft 1/1991

SCHREIBEN VON BEHÖRDEN UND VERBÄNDEN

Bundesaufsichtsamt für das Kreditwesen vom 25.8.1987
in: Consbruch/Möller/Bähre/Schneider, KWG, Tz.17.49

Bundesfinanzministerium vom 10.3.1990
Zur vermögensteuerlichen Behandlung der Wertpapierleihe

Bundesfinanzministerium vom 3.4.1990
Ertragsteuerliche Fragen bei Wertpapierdarlehensgeschäften

Bundesfinanzministerium vom 26.11.1990
Kompensationszahlungen bei der Wertpapierleihe

Bundesverband Deutscher Banken vom 5.6.1990
Sonderrundschreiben an die Kreditinstitute

Gesamtverband der Deutschen Versicherungswirtschaft vom 5.7.1990
Rundschreiben zur Wertpapierleihe an Versicherungsunternehmen

Landeszentralbank in Hessen vom 29.9.1987
Zu Wertpapierdarlehen und deren Behandlung in der Jahresbilanz

FSC
www.fsc.org
MIX
Papier | Fördert
gute Waldnutzung
FSC® C083411

Kolibri 360 GmbH
Ferdinand-Jühlke-Straße 7
99095 Erfurt, Deutschland
produktsicherheit@kolibri360.de